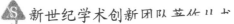
新世纪学术创新团队著作丛书

U0266818

水溶性生物质的理化及功能检测

丛书主编　祖元刚

本书主编　祖元刚

著　者　张　琳　孟祥东　王洪政　路　祺

国家林业局林业公益项目（项目编号：20140470102）

国家科技支撑计划项目（项目编号：2011BAD33B0203）

国家科技支撑计划项目（项目编号：2012BAD21B05）

科学出版社

北　京

内 容 简 介

《水溶性生物活性物质功能检测》重点介绍了利用纳米化粒径改造技术制备水溶性生物活性物质,并对水溶性生物活性物质的活性、生物利用度和毒性等问题进行了探讨。全书分为4篇8章,主要包括:总论、水溶性生物活性小分子单体化合物功能检测、水溶性生物活性小分子混合物功能检测、水溶性生物活性乳剂功能检测。旨在确定水溶性粉体是否有助于增加现有脂溶性药品和保健品的生物利用度、提高疗效及降低毒性等。

本书可供从事植物学、植物化学、生物药学、药物化学、食品科学相关专业的科研人员、研究生,以及药品、保健品和食品的研究与生产技术开发人员参考。

图书在版编目（CIP）数据

水溶性生物活性物质功能检测/张琳等著. —北京:科学出版社, 2016.2

(新世纪学术创新团队著作丛书/祖元刚主编)

ISBN 978-7-03-045626-7

I.①水… Ⅱ.①张… Ⅲ. ①水溶性–生物活性–物质–功能–检测 Ⅳ.①Q1

中国版本图书馆 CIP 数据核字(2015)第 212761 号

责任编辑:张会格 王 好 赵小林 / 责任校对:刘亚琦
责任印制:赵 博 / 封面设计:刘新新

科学出版社 出版
北京东黄城根北街 16 号
邮政编码:100717
http://www.sciencep.com

北京科印技术咨询服务有限公司数码印刷分部印刷
科学出版社发行 各地新华书店经销

*

2016 年 2 月第 一 版 开本:720×1000 B5
2025 年 1 月第四次印刷 印张:12 1/4
字数:247 000

定价:**80.00 元**

(如有印装质量问题, 我社负责调换)

丛 书 序 言

自从宇宙大爆炸以来，自然天体即在介观的水平上，以夸克等粒子的随机碰撞为基本的能量运动形式，由介观向纳观、微观、中观、宏观、宇观方向，以运动的异质性为自然演化的源泉，以无限性的宇量规模演化成太阳系、地球、生命系统直至形成具有高度发达大脑的人类。

然而，人类直观认知自然界的视野仅限于宏观水平，对于从介观到宇观无限性宇量规模的认知，人类也只能借助于各类观测工具由局部、定性、可数计量开始逐渐加深对自然界复杂性的认知，其间经历了数万年的发展历程，因而也推动着科学技术由定性研究到定量研究向智能研究，由单一学科到学科交叉向学科融合的方向发展，也规范着科学研究的行为由个体化向群体化方向发展。进入 20世纪 90 年代，人类开始迅捷共享全球科技资源，科学研究的群体化整合进一步增强了科学家在整体观上全面认知自然界本质的凝聚力，因而酝酿着人类在 21 世纪通过学术团队创新来实现对自然界整体本质认知的重大突破。

我于 1972 年开始接触生命科学研究，1978 年开始从事生命科学研究，在大约 30 年的学术生涯中，逐渐认识到单一学科和个体化研究的局限性，为此，我于1990 年开始，下决心以重点实验室的形式组建学术团队，发挥集体智慧的优势，试图将宏观研究与微观研究结合起来，全面揭示生命系统与环境系统相互作用的内在机理。经过十几年的努力，积累了一些原始创新性的研究成果，现以《新世纪学术创新团队著作丛书》的形式陆续刊出，以有利于自由探索式学术交流和集成发展。

祖元刚

2004 年 1 月于哈尔滨

序　言

近年来，随着科学的进步和人类医疗保健模式的改变，人们对自身的保健意识在不断提高，药品和保健食品产业已经成为优势突出、最具潜力的经济增长领域之一，发展前景十分广阔。人们希望更加高效、低毒、便捷地使用药品和保健食品。

将纳米技术引入药品和保健食品研究（尤其是中药及其保健品研究）的思路可以解决其生物利用度低、起效慢、毒性大等问题。应用纳米颗粒、胶体溶液、纳米乳等技术将药品或保健食品中的活性成分进行水溶性制备，其被吸收的速度加快，药物产生疗效快，因此药物的使用量可减少，可降低毒副作用，提高治疗或保健效果。

我于 2006 年开始致力于水溶性生物活性粉体的制备及其功能检测研究，相继获得了"十一五"国家科技支撑计划项目——林源活性物质及天然功能成分的提取和高效加工利用（2006BAD18B04）、国家林业局林业公益项目——目的林药组分资源定向培育与高值化产品开发（201204601）、"十二五"国家科技支撑计划项目——从刺五加中高效分离纯化目的活性物质的研究（2011BAD33B0203）、"十二五"国家科技支撑计划项目——杜仲和喜树珍贵材用和药用林定向培育关键技术研究与示范（2012BAD21B05）、国家林业局林业公益项目——油用牡丹新品种选育及高效利用研究与示范（20140470102）。在这些项目的资助下，我指导博士后张琳，博士研究生孟祥东、张晓南，硕士研究生黄岩、尚新涛、曹姗和唐晓溪深入开展此方面的研究工作。在我的指导下，张琳撰写了《迷迭香抗氧化剂提取分离工艺研究》博士后出站报告，孟祥东撰写了《辅酶 Q_{10} 纳米粒制备与功能检测的研究》博士学位论文，张晓南撰写了《刺五加水溶性生物活性分子的制备与功能评价》博士学位论文，黄岩撰写了《注射用纳米甘草酸的急性毒性、抗 CCl_4 致肝损伤作用及药动学研究》硕士学位论文，尚新涛撰写了《甘草次酸冻干粉的急性毒性、抗 CCl_4 致肝损伤作用和药动学研究》硕士学位论文，唐晓溪撰写了《迷迭香精油纳米乳制备及其抗氧化作用的研究》硕士学位论文，曹姗撰写了《口服甘草次酸急性毒性、体内分布及对血清离子元素含量影响的研究》硕士学位论文。在以上研究成果的基础上，我与我的博士后张琳、博士孟祥东、王洪政和路祺将研究成果统为一稿并进行了认真的修改、补充，经我们多次的研讨后定稿，并进一步整理出此专著。现将此专著收录于我主编的《新世纪学术创新团队著作丛书》中，不足之处，殷盼指正。

祖元刚

2015 年 7 月于哈尔滨

前　言

长期以来，人们一直追求药品和保健品能够高选择性地分布于作用部位，以增强疗效、降低不良反应。然而令人遗憾的是，很多市售药物、功能性食品或保健品制品的水溶性差，生物利用度低，难以被人体高效吸收利用。由于传统工艺制备的药品和保健品相关产品，多为大颗粒难溶于水的化合物，人们在服用水溶性差的制品后，会出现消化困难，不被人体吸收，代谢不彻底等问题，进而对人体造成一定程度的毒副作用。超细粉体（纳米）技术在医药领域有着广泛的应用，经超细化后的生物活性物质都可提高其使用效果，如被吸收的速度加快，药物产生疗效快，药物的使用量减少，进而加大脂溶性化合物的溶解度和溶出速度，除了提高生物利用度或靶向性外，非常适用于口服、舌下、静脉注射、透皮剂、无针注射等多种新型给药途径，具有工业化生产的巨大潜力。然而，经纳米化粒径改造技术制备的水溶性生物分子的活性功能、生物利用度和毒性是否有所改善呢。因此，针对水溶性生物活性物质面临的这一问题，我们对利用纳米化粒径改造技术制备水溶性生物活性物质的功能进行了研究，对水溶性生物活性物质的活性、生物利用度和毒性等问题进行了探讨，从而为我国的药品和保健品生产企业及其产品销售模式提供了新的发展思路。

本书是在我们水溶性生物活性物质功能研究团队的共同努力下完成的，导师祖元刚教授对书稿的完成倾注了大量的心血。本书是对水溶性生物活性物质功能检测多年研究成果的汇总，具体内容包括总论、水溶性生物活性小分子单体化合物功能检测、水溶性生物活性小分子混合物功能检测、水溶性生物活性乳剂功能检测。本书对药物粒径改造有效地解决溶解性的问题，并且通过纳米化过程，可以增加药物的相对表面积，提高生物利用度，增强靶向性，对药品和保健品的开发具有指导作用，对我国药品和保健品产业的发展具有科学意义。感谢博士研究生张晓南，硕士研究生黄岩、尚新涛、曹姗、唐晓溪、马宇亮、盖庆辉、刘洋、丛赢、皆鹏、魏罡等对本书研究内容所做的大量工作。限于作者水平，疏漏之处在所难免，恳请各位读者提出建议和批评！

著　者

2015 年 7 月于哈尔滨

目　　录

第四篇　水溶性生物活性乳剂功能检测

第一篇

总　　论

第1章 绪 论

1.1 水溶性物质和难溶性物质

通常把在室温（20℃）下，溶解度在 10g/100g 水以上的物质称易溶物质，溶解度在 1～10g/100g 水的物质称可溶物质，溶解度在 0.01～1g/100g 水的物质称微溶物质，溶解度小于 0.01g/100g（0.1mg/ml）水的物质称难溶性物质。

人们在研究中发现，物质的水溶性是固态粉体在水中的分散效果问题，它取决于固态粉体的粒径大小。由于水的粒径为 0.5nm，小于 100nm 的固体粉体可与水混合形成真溶液或是经典胶体溶液，在生物学或是医学范畴内几乎可以同溶液等量齐观；100～200nm 的固态粉体可与水混合形成透明溶液；200～400nm 的固态粉体可与水混合形成准透明溶液；400～600nm 的固态粉体可与水混合形成半透明溶液，大于 600nm 的固态粉体与水混合可形成浑浊溶液，大于 1000nm 的固态粉体与水混合后形成沉淀。经典胶体溶液的定义之所以将其粒度范围定义在 100nm 之下，是因为最初的研究都是基于强疏水性的无机材料研究而来的。生物活性物质分子则不然，由于其为有机小分子，在分子结构上或多或少存在着一定量的亲水基，因而形成稳定胶体溶液的粒径条件更为宽松。一般来说，对于生物活性物质来讲，200～600nm 的固态粉体与水混合后形成的分散体系称为胶体溶液，它和真溶液都表现出不同程度的水溶性；大于 600nm 的固态粉体只有与有机溶剂混合后才能表现出溶解性，因此称为脂溶性分散体系。

1.2 难溶性药物的常见问题

口服给药是患者较易接受的一种给药途径。影响药物口服吸收和生物利用度的因素较多，如药物的理化性质（亲脂性、溶解度、极性等）、剂型因素、胃肠道生理病理因素等。除以内吞等特殊方式被吸收之外，药物只有被溶解才能透过胃肠道生物膜被吸收，所以溶解性直接影响药物在体内吸收和生物利用度，药物溶解性差可能导致口服后药物在体内的吸收不完全，如何提高或改善难溶性药物的溶解性、生物利用度及体内生物药剂学性质备受研究者关注，传统药剂学通常采用增溶、助溶、成盐或减小粒径等方式提高药物溶解度，随着药用辅料和剂型的研究发展，环糊精包合技术、固体分散技术等被应用于难溶性药物口服制剂研究，而难溶性药物的口服制剂的吸收及其注射剂的制备都是制药难题。纳米给药系统是指粒径在纳米级的新型给药系统（1～1000nm），主要包括纳米脂质体、固体脂质纳米粒、纳米结构脂质载体、纳米球、纳米囊、微乳等。口服纳米给药系统是近年来药剂学领域的研究热点之一，在提高难溶性药物的生物利用度、降低药物的毒副作用等方面具有较好的效果，此外，纳米给药系统经口服给药后可能改变药物在体内的分布特征，增加药物在血液中的分布浓度。在中药现代化研究过程中，人们发现许多具有极好药理活性的难溶性有效成分，口服吸收较差、半衰期较短等问题限制了其临床应用，而将此类活性成分与药用材料一起制备成纳米给药系统是解决或改善这些问题的科学有效的途径之一。

1.3　生物活性物质的生物膜定向转运

1）生物膜

生物膜包括质膜（细胞膜）及各种细胞器膜和内质网膜。它们是由蛋白质和脂肪组成，主要生物膜有血脑屏障（blood brain barrier，BBB）、血眼屏障、血骨髓屏障、血前列腺屏障、血胎盘屏障及细胞与细胞内核屏障等，它们具有选择吸收性作用。药物吸收及药物扩散与药物滤过，或泵能输送，或吞饮，或孔道是否能发挥作用有关，这是药物运转到达靶目标起到药效的关键，药物运转速度与膜两侧药浓度、油/水分配系数、粒径、粒子解离带电（电离度、极性）有关，与生物膜的特性、功能及细胞代谢有关，与基因信息指令控制有关，与特殊运转（易化扩散、胞饮吞噬、载体转载等）有关。纳米药物脂质载体表面活性剂，聚合物（丙烯酰胺、氰基丙烯酸酯类等）包裹，分子凝胶（明胶、白蛋白、多糖等）包含都能改变药物的表面性质，如亲脂性、油/水分配系数，纳米粒的粒径与所结合的脂肪、蛋白质、糖等的性质、结构改变能趋向或躲避细胞吞饮。

2）跨膜机制

脂溶性受体可通过膜作用于胞内受体；通过跨膜受体蛋白、配体结合到蛋白质的胞外区；通过配体-闸门跨越离子通道（配体结合可开放或关闭通道）；通过跨膜受体蛋白刺激的 GTP 结合的信号转导蛋白（G 蛋白），进而产生细胞内第二信使。纳米药物载体多与脂质体、亲脂基、微乳、凝胶物质有关，因此多能通过血脑屏障定向作用于中枢神经；有许多药物是很难通过血脑屏障的，研究表明，如果对包裹药物的纳米粒子作适当的修饰，就可以通过血脑屏障，把药物定向送到中枢神经系统而起作用。例如，Schroeder 等，将氚标记的亮啡肽类药 Dalargin 装载到表面经聚山梨酯-80（或吐温-80）修饰的聚氰基丙烯酸丁酯上，给小鼠静脉注射，通过测量不同组织的放射性，如脑内的 Dalargin含量有显著的提高，从而起到镇痛作用。如果直接给小鼠静脉注射 Dalargin 或载有 Dalargin 的聚氯基丙烯酸丁酯纳米粒子未经修饰，均不易通过血脑屏障。再如，免疫脂质体单克隆抗体的特异性能通过细胞膜进入肿瘤细胞内。例如，将 DNA、RNA 遗传基因包载在阳离子脂质体中，直接越过细胞膜转入目的基因中。鼻黏膜、口腔黏膜、眼角膜及皮肤层可以被广谱速效纳米抗菌颗粒通过，其中创伤贴、溃疡贴、烫伤敷料等已进入临床应用，8-去氧沙林治疗皮肤增生性疾病，肉豆蔻酸异丙酯（IPM）、聚山梨酯-80、辛二醇和水制成微乳亦有很好的透膜作用，其微乳累积透过量为药物水溶液的 3.8～8 倍。

1.4 微米及亚微米粒子

对于粒径为微米或亚微米的超细粒子，虽然其物理化学性质与大块材料的物理化学性质相差不太大，但其比表面积增大，表面能大，表面活性高，表面与界面性质往往会发生很大变化。因此，当药品、食品、营养品及化妆品经超细化到微米与亚微米级后，极易被人体或皮肤直接吸收，大大提高其功效。纳米粒子尺寸小，比表面积大，位于表面的原子占相当大比例。随着粒径减小，表面积急剧变大，引起表面原子数迅速增加。例如，粒径为 10nm 时，比表面积为 $90m^2/g$；粒径为 5nm 时，比表面积为 $180m^2/g$；粒径小到 2nm 时，比表面积扩增到 $450m^2/g$，这样高的比表面积，使处于表面的原子数越来越多，大大增强了粒子的活性。

超细粉体（纳米）技术在医药领域有着广泛的应用。无论是中药还是西药，经超细化后都可提高其使用效果，被吸收的速度加快，药物产生疗效快，药物的使用量可减少。研究表明，无论是内服药还是外用药，超细化后使用效果都大大提高。对西药而言，目前国际市场的西药粉剂都必须经过超细化处理，如灰黄霉素、维生素 C、硫糖铝等，都必须加工成小于 5μm 的超细粉体再制片使用。在这方面，中国目前的医药行业相差甚远。例如，法国研制纳米维生素 A胶囊，用于皮肤保健，功效显著；日本研制纳米花粉，提高花粉中有效成分的吸收利用；俄罗斯将纳米羟基磷灰石添加到牙膏中，利用其对釉质的强吸附性，填补牙齿的新生裂缝，替代氟发挥防龋齿功效；美国将纳米 Fe_3O_4 与药物结合，利用其超磁性，通过外加磁场导航将药物定向释放到病变组织或器官中，减小药物毒副作用；我国也将纳米 $CaCO_3$ 作为保健食品和药品成分，提高人体对钙的吸收利用。

1.5　纳　米　粒　子

纳米技术的发展，使得化学和物理学之间已无明确界限。它对药物研究领域的不断渗透和影响，引发了药物领域一场深远的革命。尤其在药物研究领域，由于纳米材料和纳米产品性质的奇特性和优越性，将增加药物吸收度、建立新的药物控释系统、改善药物的输送、替代病毒载体、催化药物化学反应，以及将辅助设计药物等研究引入了微型领域、微观领域，为寻找和开发医药材料、合成理想药物提供了强有力的技术保证。运用纳米技术的药物克服了传统药物的许多缺陷及无法解决的问题。分子纳米技术在生物医药学领域的应用如火如荼，已逐渐形成世界性竞争。纳米技术与计算机、分子生物学尤其是医学结合将成为 21 世纪不可估量的生产推动力。

1.5.1　药物纳米制备技术

纳米科技自 20 世纪被提出之后，在材料、冶金、化学化工、医学、环境、食品等各领域均表现出巨大的应用前景。纳米技术在药学领域的应用，已展现出其推动药学发展的巨大潜力。以纳米技术制备的纳米药物对药物的药代动力学及药效动力学的影响已引起医药界的高度重视。在药物研究领域，由于纳米技术的不断渗透和影响，引发了药物领域一场深远的革命，从而出现了纳米药物这一新名词。

纳米药物（nano-medicine）是指粒径在 1～1000nm 的药物纳米粒或含有药物的纳米载药系统。药物纳米粒是指直接将原料药物加工成的纳米粒；而纳米载药系统是以纳米粒、纳米球、纳米囊、纳米脂质体、纳米乳剂等药用材料作为载体系统，与药物以一定的方式结合后制成的纳米级药物输送系统（drug delivery systems，DDS），其粒径可能超过 100nm，但通常小于 500nm。

　　1）超临界流体制备药物纳米粒技术

超临界流体（supercritical fluid，SCF）拥有许多一般溶剂所不具备的特性，如密度、溶剂化能力、黏度、介电常数、扩散系数等物理化学性质，随温度和压力的变化十分敏感，即在不改变化学组成的情况下，其性质可由压力来连续调节。超临界流体微粉化制备技术是利用改变压力来调节体系的过饱和度及过饱和速率，从而使溶质从超临界溶液中结晶或沉积出来。由于这种过程在准均匀介质中进行，能够更准确地控制结晶过程，因此可以获得平均粒径很小的细微粒子，并且可控制其粒度尺寸的分布（particle size distribution，PSD）。

２）低温冷冻喷淋制备药物纳米粒技术

低温冷冻喷淋是制备水难溶性纳米或微米药物颗粒的一种颇具吸引力的技术。在气相中进行冷冻喷淋技术已经被广泛使用。在传统的气相冷冻喷淋过程中，卤化碳冷冻剂和液氮等作为冷冻介质。原料液首先通过喷嘴喷入冷沸腾的冷冻剂上方，喷雾形成的原料液滴遇到气相冷冻剂时逐渐固化，在与冷冻剂液相接触时进一步被冷冻。由于原料液的雾化在冷冻液的气相中进行，微滴在穿过气相下落到冷冻液表面的过程中不断聚合、固化，因此，得到的颗粒粒径较大，而且颗粒粒径分布较宽。Gombotz 等（1990）利用惰性冷冻剂在原料液雾化后迅速冷冻捕获药物颗粒，在一定程度上抑制了细微液滴的聚合。

３）水溶液蒸发沉积制备药物纳米粒技术

水溶液蒸发沉积制备药物纳米粒技术（evaporative precipitation into aqueous solution，EPAS）是利用快速相分离过程来制备水不溶性药物纳米或微米颗粒。首先将药物溶解在低沸点的有机溶剂中，然后将溶液通过雾化器喷淋到含有亲水性稳定剂或表面活性剂的且有一定温度的水相溶液中，形成水相分散体系，剧烈的雾化导致含药物分子的有机溶剂微滴在水相溶液中快速蒸发，形成药物溶质高的过饱和度，导致药物分子快速成核。由于有机溶剂的蒸发，雾化微滴的体积明显缩小，同时，水相中的亲水性稳定剂或表面活性剂竞相扩散、聚集到药物颗粒表面，阻止颗粒进一步长大。表面活性剂疏水部分吸附在药物颗粒表面，亲水部分伸向水相形成空间或静电稳定层。水相温度的选择要考虑到有机溶剂的快速蒸发、有机溶剂在水中的溶解度及药物分子的热分解。EPAS 悬浮液干燥可以通过喷淋干燥、冷冻干燥和低温真空干燥过程来实现。药物颗粒与水溶性稳定剂或表面活性剂的结合可以促进干燥后最终药物产物在水溶液中的快速溶解。由于颗粒形成阶段和干燥阶段是分开的，干燥阶段不会影响在悬浮液中形成的微细颗粒的快速溶解。

1.5.2　粒子半径与提高溶解度和溶出速度的关系

对于可溶性粉体，粒子大小对溶解度影响不大，而对难溶性粉体的溶解度，当粒子半径（简称"粒径"）r 在 0.1～1000nm 时与粒子大小有较大关联，但粒子半径 r 大于 2000nm 时对溶解度无影响。在一定温度下，脂溶性粉体的溶解度，可用热力学的方法导出与粒子大小的定量关系式，即 Ostwald-Freundlich 方程：

$$\ln \frac{S_2}{S_1} = \frac{2\sigma M}{\rho RT}\left(\frac{1}{r_2} - \frac{1}{r_1}\right) \qquad (1\text{-}1)$$

式中，S_1 和 S_2 分别为粒子半径 r_1 和 r_2 时的溶解度；ρ 为固体粉体的密度；σ 为固体粉体与液态溶剂之间的界面张力；M 为粉体的分子质量；R 为摩尔气体常数；T 为热力学温度。式（1-1）表示溶解度与粒子大小的关系，当 $r_1 > r_2$ 时，必然 $S_2 > S_1$，说明小粒子具有较大的溶解度。

同时由式（1-1）可知，减小粒径，必然增加表面积，从而导致粉体粒子溶出速度的增加。

第 2 章 纳米药物和纳米中药

2.1 纳 米 药 物

2.1.1 纳米药物的吸收、分布、代谢及排泄

药物的吸收度常常受药物在吸收部位溶出速度的支配，而减小粒径可以增大暴露在介质中的表面积而促进溶解，进而提高药物的吸收度；药物的大分子被粒化成纳米粒径级的小分子后就能穿透组织间隙，也可以通过人体最细小的毛细血管，分布面极广，这样就大大提高了药物的生物利用度。纳米药物由于粒径较小，表面积增大，与生物膜的黏着性提高，因此有利于增加药物与肠壁的接触面积，延长接触时间，从而有利于吸收，提高口服药物生物利用度。试验发现，纳米颗粒口服后大量地被胃肠道派伊尔斑（Peyer's patch）的 M 细胞和肠上皮细胞摄取，也可通过细胞旁路途径或小肠黏膜细胞的胞饮作用而被吸收。给大鼠灌胃 100nm、500nm、1μm 和 10μm 的 PLGA（聚乳酸-聚乙醇酸共聚物）微球，考察粒径对肠道摄取的影响。结果发现，100nm 的粒子可大量聚集于派伊尔斑，摄取率高于其他 3 种粒子 15～25 倍，表明纳米粒在胃肠道的摄取呈粒径依赖性，粒径减小，摄取增加。

纳米粒径超微化通用装置将物质的大分子进行破碎、乳化、均质、分散，从而粒化成纳米级粒径的小分子，这是我国应用纳米科技的一项发明。该装置可以合成药用钙剂的关键原料乳酸钙，它合成的钙剂 98% 的有效成分可以被人体吸收，而现有的钙制剂只能被人体吸收约 30%；该装置用于制药，可以使服药后的康复速度加快 50% 以上，且减少治疗费用。

2.1.2 纳米药物在体内的代谢过程

长期以来，人们一直追求药物能够高选择性地分布于作用部位，以增强疗效、降低药物的不良反应，而纳米技术应用于药物研究则有助于实现此目标。载药纳米颗粒在体内可以通过被动和主动两种方式靶向分布于特定的器官、细胞，甚至细胞内结构。

纳米颗粒进入血液循环后，可能与血浆蛋白、糖蛋白等多种成分结合，进

而作为异物被网状内皮系统（RES），尤其是被肝脏的 Kupffer 细胞所吞噬，致使肝脏药物浓度大大增加。此捕获吞噬过程受到纳米颗粒的粒径大小和表面性质的影响，当粒径足够小（100～150nm）、表面带疏水基团时，纳米颗粒可以很快自血液清除；而当颗粒表面带亲水基团时，被 Kupffer 细胞摄取的过程则延缓。

纳米颗粒的被动靶向作用对与 RES 有关疾病的治疗非常有益。张志荣等（2001）采用乳化聚合法制备了聚氰基丙烯酸正丁酯（PBCA）纳米粒，经小鼠尾静脉注射后 15min，即有 49%～74%集中在肝脏，可以提高对病毒性乙型肝炎的疗效并降低其肾毒性。巨噬细胞在艾滋病（AIDS）的免疫发病机制中扮演着重要角色，即将抗病毒药定向输送到巨噬细胞，使药物充分发挥作用，从而减小剂量，降低毒副作用。例如，给大鼠静脉注射载有齐多夫定的纳米颗粒后，RES 器官的齐多夫定浓度比对照组（齐多夫定水溶液）高 18 倍；口服时同样能提高 RES 的齐多夫定浓度。骨髓也是 RES 的一部分，平均粒径 70nm的柔红霉素 PBCA 纳米粒给小鼠静脉注射后，股骨内峰浓度比对照组提高 1.62倍，总靶向效率从 5.17%提高至 24.19%。

然而在很多情况下，药物要逃避 RES 的摄取而靶向分布于非 RES 器官。这可以通过改变粒径、表面修饰等方法来实现。例如，当粒径小于 100nm 时，纳米颗粒可以穿过血管内皮孔隙，到达肿瘤组织；CyA 聚乳酸纳米粒经 Brij78、Myri53 和 Myri59 三种表面活性剂修饰后，体外试验证明，其可以明显减少小鼠腹腔巨噬细胞的摄取；0.1%泊洛沙姆 908 修饰纳米粒则可以使肝脏摄取从75%降至 13%；磁性纳米粒作为药物载体在体外磁场作用下，通过磁性导航移向病变部位，可以达到定向治疗目的；纳米颗粒与单克隆抗体连接也是实现主动靶向行之有效的方法。

另外，许多药物（如抗生素、神经肽等）经纳米技术处理后，易透过血脑屏障，从而实现脑位靶向。研究发现，大鼠静脉注射聚山梨酯-80（吐温-80）包衣的多柔比星 PBCA 纳米粒，脑组织药物浓度比 PBCA 纳米粒组高 60 倍，表明吐温-80 修饰可以大大促进药物通过 BBB。类似的报道还见于亮脑啡肽、甲硫脑啡肽、咯哌丁胺、筒箭毒碱、NMDA（N-甲基-正-天冬氨酸）受体拮抗剂 MRZ2/576 等多种药物。纳米药物易透过 BBB 转运的机制可能与脑毛细血管内皮细胞的胞吞作用有关：纳米颗粒经吐温-80 包衣后，血浆载脂蛋白 E 吸附于粒子表面，使其类似低密度脂蛋白（LDL），与 LDL 受体相互作用后被内皮细胞摄取，随后药物白细胞释放并扩散至脑组织。

2.1.3 纳米药物应用特点

纳米药物在改进传统给药途径和方式的同时，运用纳米科学原理和技术生产药物, 纳米级药物具有独特的尺寸效应和电热磁光等物理、化学、生物性能, 它的研发和利用将为人类防控疾病提供简易、有效、积极的防治方法及康复手段。纳米药物具有下列特点, 故备受近代研究者的青睐。

2.1.3.1 超强渗透性

纳米抗菌颗粒能迅速渗入皮下或黏膜, 甚至系列生物膜组织, 发挥杀菌、消炎作用; 产生生物热效应, 改善创伤周围组织微循环, 加速创伤的愈合; 纳米抗菌颗粒的贴剂, 还可以用于关节或局部针灸穴位或损伤肌肉的局部皮肤, 起到治疗关节炎、肌肉劳损、神经性头痛和传统医学中的通经活络作用; 心前区贴剂用于扩张血管治疗冠心病等。目前美国已用透皮的"丁螺旋酮"贴剂治疗焦虑症。

因纳米透皮释放剂具有抗菌、无毒、无刺激性、使用安全等优点, 目前用于手术创口、烧烫伤疮面、外伤创面、植皮区疮面、炎性疮面、溃疡疮面、褥疮及糖尿病患者难治性溃疡, 甚至能在内窥镜 (胃镜、肠镜) 下治疗局部糜烂或溃疡出血点。

2.1.3.2 纳米载药系统控释靶向作用

纳米载药系统控释靶向作用能提高生物利用度。纳米的尺寸小, 具有特定体积、大比表面积、协同效应及纳米的药物结构能级特征。有些纳米药物具有磁性、电学、光学、化学、生物学特征, 使药物的溶解度增大, 并通过药泵和生物、化学感受器等, 达到体内靶向控释和调节药物降解速率, 起到长效治疗肿瘤等疾病的目的。临床常将许多非水溶性药物制作成纳米可控释的口服药粒, 解决由于药物活性成分的水溶性有限、口服后在胃肠停留期间的溶解量和吸收量的限制、大部分直接或被代谢排出体外而无法达到应用疗效的难题。例如, 将具有生物活性的各种肽类药物制成可调控纳米粒药物治疗 PAGET 病和血钙过高症的降 (血) 钙素及减少排斥反应用的环孢素等, 治疗糖尿病纳米化的胰岛素的生物活性和吸收率均有明显提高。另外, 非水溶性药物可做成稳定的水悬浊液, 进行皮下注射能很好地被吸收, 进入血液循环可获得很好效果。

2.1.3.3 提高药物的生物利用度

纳米药物粒径小, 单位体积数量多, 比表面积大; 特异的电、热、磁、光物理作用和化学作用; 生物靶向等作用能明显提高药物生物利用度。改变给药途径, 如肝素临床用于抗凝作用, 但由于口服吸收差、半衰期短, 传统给药途径只能是非肠道给药, 因此, Yia 等用可生物降解聚合物 PCL、PLGA 制备成肝素聚合物纳米粒，给家兔灌胃肝素聚合物纳米粒 600IU/kg 仍然显示较好的抗凝活性，而且比常规肝素制剂静脉注射作用时间长，绝对生物利用度达 23%。Guzman 和 Aberturas（2000）研究洋地黄毒苷聚己内酯在肾小球系膜中，经过30min、60min 的孵育，游离洋地黄毒苷的吸收分别为（13.1±2.8）% 和（20.0±6.8）%，而洋地黄毒苷聚己内酯纳米粒吸收分别达到（17.42±4.9）% 和（37.8±5.7）%。Yukiko（2001）等研究淋巴系统靶向性时指出经口服纳米粒大分子药物（多肽、蛋白质）可以通过淋巴系统靶向作用提高生物利用度。原来人体不易吸收的药物，如雌二醇，或甲壳素、魔芋、蜂胶等保健食品若做成纳米级粉末或悬浮液就变得很容易吸收。

2.1.3.4　降低药物的不良反应

许多传统用药在体内的分布常无法令人满意，主要是药物不能使有效剂量到达目的部位。口服或注射（包括静脉注射），其肠部药物浓度或血液药物浓度一般都高于需治疗靶局部的浓度，其结果可能是全身的药物浓度大于局部，全身出现药物不良反应，而局部药浓度小达不到治疗作用。采用纳米技术，通过纳米载药系统可以直接把小剂量纳米药物或治疗基因送到靶部位（患病局部），能够使局部药物浓度相对高于全身，起到疗效好且全身毒副作用小的目的。长期以来，人们一直寻求定向药物制剂，使其到达病变部位释放，减少过敏反应和毒副作用，尤其是在治疗肿瘤方面更显紧迫性。治疗恶性肿瘤药物，又称细胞毒药物，常引起全身免疫机能下降和毒副作用或不良反应，如恶心、呕吐、厌食、血细胞和血小板减少、口腔黏膜溃疡、腹泻等。人们希望药物到达病变部位只杀灭病变的癌细胞，保存正常组织细胞不受损伤。纳米药物，尤以磁性载药纳米微粒（磁控导弹）为好，因磁性纳米粒子携带相关蛋白、抗体或治疗药物可用于诊治肿瘤、遗传性疾病、代谢性疾病等。自从基因转导纳米药粒、载体纳米药粒问世，更有利于靶向性使局部药物浓度增加，同时降低全身及其他部位的药物浓度而大大降低全身毒副作用。由于纳米药粒可直接到达病理部位并使其修复，从疾病根本上起到防治作用，而不影响其他部位，不产生不良反应，如心脏病药物要求只作用需治疗的心脏部位，不影响全身系列血管；治疗局部关节炎、妇科子宫病、眼科青光眼，或肝、肾、肺脏腑的药只希望作用于特定部位而不影响全身。Losa 等（1992）将美替洛尔制成聚合物纳米囊、胶体分散液，与普通的制剂具有相同的降眼压作用，但由于眼结膜对纳米囊药的吸收较少，因此其进入血液少，故阻断血管 β 受体的全身反应，不良反应（如心动过缓）小。药物纳米化后，口服药绝对吸收量增加，而给药总剂量减少，全身的不良反应减小，同时因纳米粒的缓释作用使血药浓度的波动减小，从而提高药物安全性。

2.1.3.5 延长药物在体内半衰期

大多数药物半衰期在 24h 以内,因此需每天重复给药数次。应用分子生物学与纳米技术制备药物,可按照预期设想(药物性能、半衰期)制成纳米药粒,或直接把药物放置在"药物工厂"或"储存器"分子机器内,在体内循环过程中到达靶向时释放出所需要的药物,这样可解决那些需要长期乃至终身用药的患者用药难的疾苦,如高血压、冠心病、糖尿病等长期患者用药问题。再如,正在研发的纳米"拉哌霉素"口服液,克服了溶解差的问题,用于器官移植手术可确保药物在体内稳定吸收与代谢平衡,达到较长的预期效果,减少或避免患者体内产生免疫排斥反应。

增加药物的稳定性,延长半衰期:①与纳米药物结构最为相关的是分子自组装或人工组装,如分子自发组装结构是稳定的非共价链连接的聚合体,不仅坚固,而且可抗外界物质的结合;②纳米药物可以经过载体的包裹、修饰、装载形成较为封闭的环境,可有效防止或减少外界因素,如光、热、湿及氧的氧化、还原、水解、光解作用,以及一些酸、碱、电、磁及生物活性因子的作用,防止药物稳定性降低,使药物到达作用部位的过程中保持结构、功能的完整性,特别是多肽类、蛋白质类、类固醇激素等不被消化道和血液中酶、酸、碱破坏;或不被肝、肾脏器中的酶破坏,起到保护药的性能及延长药物有效时间。

2.1.3.6 可降解性

可降解高分子纳米药物是优良的药物载体,特别适用于多肽和蛋白质等基因工程药物的口服剂型,其将是恶性肿瘤诊断和治疗药物系列的主流载体,在相关研究和发明中已有超过 60% 的药物均采用可降解高分子生物材料为载体,这类材料最突出的特点是生物降解性和生物相容性好。生物可降解高分子其来源的多样性和结构的可修饰性,一直被广泛地应用于纳米研究,人们能通过成分控制和结构设计使药物载体可以完全降解成细胞正常代谢物质——水和二氧化碳。

2.1.3.7 通过生物膜屏障

生物膜屏障能保护机体组织不受或少受损害。以许多药物不能透过血脑屏障为例,它是由紧密连接的脑毛细血管内皮细胞构成,其外层是被星形细胞足突组成的一层坚韧的胶膜所覆盖,使得血液中一些物质(选择性吸水)能通过,另一些物质不能经细胞连接的空隙中通过(屏障),如有害物质、药物(抗生素、抗肿瘤、中枢活性药物)。近年来,将药物改性制成聚合物纳米粒,多数药物能通过血脑屏障，Gulyaer 等将药物制成聚合物纳米粒，使其能通过血脑屏障。将多柔比星的 4 种制剂（多柔比星的生理盐水溶液，多柔比星的生理盐水加聚山梨酯-80，多柔比星的聚丁基丙烯酸酯纳米粒和用聚山梨酯-80 修饰的多柔比星的聚丁基丙烯酸酯纳米粒）进行比较，按含 5mg/kg 给大鼠静脉注射，结果是最后一种在脑组织中浓度达到 6ng/g 的水平，其他 3 种制剂浓度在检测限 0.1ng/g 以下。

Kreuter 等（2015）研究药物纳米粒通过血脑屏障机制可能有：①药物在脑毛细血管内滞留与附着造成血管内外较高浓度差，从而导致内皮细胞对药物的转运；②表面活性剂的存在致使内皮细胞膜的流动性增加，使药物易于渗透入脑组织；③纳米粒尺寸空间效应，或电生化作用，甚至能级作用均能促使脑毛细血管内皮致密连接开放，从而使药物以游离或纳米载体结合的方式渗入脑组织；④纳米粒可以被内皮细胞以胞饮的方式进入脑组织；⑤与纳米粒结合的药物可以被内皮细胞层转运进入脑组织；⑥聚山梨酯-80 等用作修饰材料时，能够抑制脑内的药物外输系统，特别是 P-糖蛋白的外输出作用。

2.1.3.8　增强药物原有功能，并开发新的功用

改变药物物理状态进入纳米尺寸空间，其物理、化学、生物特性将发生大改变而增强药物原有功能。例如，免疫排斥（生物兼容）性质改变，溶解性改变；由于药粒自身或制备包封使药物渗透吸收速率改变；另因细胞破壁某些活性成分释放而产生新的功能等。张晓静介绍，单质硒几乎没有活性，而纳米硒对连续注射 D-半乳糖引起小鼠免疫失衡和氧化损伤有保护作用；碳原子的单体没有生物学效应，但形成纳米粒后则有理想的抗氧化作用；徐辉碧对石决明血清微量元素药效学进行研究，以血清微量元素的变化为指标，观察不同粒径的石决明（纳米级、微米级）的时效变化，结果显示，处于纳米级状态（100nm）的石决明其性质与微米级及传统中药石决明相比有极显著差异；周云中等观察到普通牛黄有清热解毒、息风止痉、化痰开窍的作用，若牛黄加工到纳米级水平，其理化性质和疗效发生惊人的变化，并有极强的靶向作用，甚至可用于治疗一些疑难杂症。

2.1.3.9　提高药物的稳定性

纳米药物使多肽、蛋白质类和免疫制剂等药物口服给药有效。试验证明，胰岛素纳米粒给糖尿病大鼠灌胃，可以使血糖水平降低，并使降血糖作用维持 20d。在同样的试验条件下，游离的胰岛素并不降低血糖水平。纳米粒在大鼠胃肠道黏膜的吸收依赖于其粒径的大小，灌胃后有 40%～56%的药物被吸收。

2.2　纳 米 中 药

中药防病治病的物质基础来源于其生物活性部位或活性化学组成。但是，生物机体对药物的吸收、代谢、排泄是一个极其复杂的过程。中药产生的药理效应不能唯一地归功于该药物特有的化学组成，还与药物的状态有关。改变药物的单元尺寸是改变药物物理状态十分有效的方法。若将药物的单元尺寸减至纳米尺度，药物的活性和生物利用度就可能得到大幅度的提高，并可能产生新的药理效果。

纳米中药是指运用纳米技术制造的、粒径小于100nm的有效成分、有效部位、原粉及复方制剂。纳米中药是一些中药通过纳米化后的一种笼统的叫法，不是一种新的药种。率先将纳米技术引入中药研发的是武汉华中科技大学的徐辉碧、杨祥良和谢长生三位教授。他们利用材料科学、工程学及生命科学的学科优势，相互补充进行"纳米中药"的研发。他们发现，一味普通的中药牛黄，加工到纳米级的水平，甚至可以治疗疑难杂症，并具有极强的靶向作用。徐碧辉教授等据此提出了"纳米中药"的科学概念，并申请了纳米中药技术的第一个专利。

研究表明，不同粒径的矿物中药雄黄对肿瘤细胞S180、上皮细胞EC-304等的细胞毒性和诱导细胞凋亡作用有明显的尺寸效应。纳米雄黄颗粒表现出了尤为突出的生物效应。并且，纳米技术还可以改变一些中药药物的缺陷。一些中药纳米化后，能降低其毒副作用，提高药效和生物利用度，从而降低患者的用药量，大大地节约了珍贵的中药资源。

传统的中药材加工方法已经延续了几千年，但是国内由于缺少先进的加工手段，在中药制剂与生产工艺、质量控制、安全性与有效性、中药新药开发与评价等方面还缺少具有自主知识产权的技术和方法。目前，作为中华民族的瑰宝，具有知识产权的中药药品却几乎都是进口的。一直以来，大量中药对某些病症确实有着独特的作用，但是如果没有国际通行的规范来衡量，在国际上就行不通。而将纳米技术引入现代化中药的研究开发，能在纳米中药的制药技术、药效等方面建立一系列具有自主知识产权的专利技术和创新方法，并能使中药的质量评价有国际化的标准。

2.2.1　纳米技术对中药研究的促进作用

2.2.1.1　提高中药生物利用度，增强靶向性

应用脂质体、纳米颗粒、胶体溶液、纳米乳等技术将中药（主要是有效成

分、有效部位或提取物）运送到人体的患病部位，使"药"具有导向作用，但中药的有效成分、有效部位或复方中药的提取物很难自动运送到人体的患病部位，只有利用特定技术才可能有效地将中药运送到患病部位发挥药物作用效果。

纳米中药由于其大的比表面积，增大了暴露于介质中的表面积，促进了药物的溶解；由于粒径的减小，增大了药物在体内的分布，大大提高了药物的生物利用度。一般中药在炮制前后细胞壁是完整的，其有效成分只有很小的一部分穿透细胞壁溶出并被人体吸收利用。采用纳米技术加工中药将有可能使细胞破壁，使更多的中药有效成分释放出来而被人体吸收，从而提高中药的生物利用度。

生物（靶向）黏附的一个重要指标是药物的粒度与粒度分布，纳米颗粒可以有效地避免中药生物（靶向）黏附的机体排异性，亦可以利用纳米技术控制颗粒的粒度以控制药物的靶向黏附性（区域、时间、强度）。为了提高有些中药的临床疗效，降低其不良反应，制成（靶向）黏附制剂（或凝胶剂、透皮制剂、贴剂、靶向黏附纳米粒）均需控制其粒度及粒度分布，以提高其作用效果和黏附性能，改善中药作用效果。

含有肽类和蛋白质类的中药药物在体内易被胃肠道蛋白酶降解，且分子质量大，口服难以吸收，生物利用度极低，临床多采用注射用药。以纳米技术制备的纳米颗粒可以作为载体，保护药物免遭蛋白酶的降解，提高药物的生物利用度。

2.2.1.2　提高药效，降低毒副作用

众所周知，由珙桐科植物喜树、茜草科植物舌根草提取分离得到的喜树碱（CPT）是一种具有抗癌活性的生物碱。由于喜树碱脂溶性高，制备成理想制剂较困难，其在 pH 5.5 以上时，内酯环容易打开形成喜树碱盐，使药效显著降低且不良反应大，限制了临床应用。杨时成等采用热溶分散技术将喜树碱制成poloxamer188 包衣的固体脂质纳米粒混悬液静脉注射后，用反相高效液相色谱（HPLC）-荧光检测法测定体内器官中的固体脂质纳米粒，表明其有良好的靶向性，在提高药效、增强疗效、降低毒副作用等方面有重大意义。这主要是由于 poloxamer188 的"亲水性"和"立体位阻"作用，降低了血液中的调理素（opsonin）在纳米粒表面的吸附，使单核吞噬系统对纳米粒的吞噬降低，在血液中的滞留时间延长，在血液、心脏、脑中的靶向效率高于单核吞噬细胞丰富的肝脏和脾脏，有一定的主动靶向作用，有助于淋巴癌和脑肿瘤等疾病的治疗。脂质纳米粒在肾脏中的靶向效率低，最高浓度低于 CPT 对照浓度，可以降低喜树碱对肾脏的毒副作用。

中药紫杉中含有的紫杉醇是一种抗癌活性生物碱，临床对多种肿瘤有效。Sharma 等将紫杉醇包封于粒径 50～60nm 的聚乙烯吡咯烷酮（PVP）纳米颗粒中，给予移植有 B16F10 黑色素瘤的 C57B1/6 小鼠，结果显示紫杉醇纳米颗粒能明显减小肿瘤体积，延长动物存活时间，与等剂量的游离型紫杉醇相比抗肿瘤活性显著增强。一项利用抗生素治疗细胞内感染的研究表明，被纳米粒子包裹的氨必西林比游离的氨必西林的疗效高 20 倍，这种方法对大鼠的沙门菌病同样有效。

一般认为中药是自然生物界药物，比化学合成的西药毒副作用小，但有些中药例外，如砒霜、雷公藤、乌头等治疗疾病虽有相当好的疗效，但也有较大的毒性和不良反应；有些药如甘草能解毒，少量服用没有什么毒副作用，但大量也会出现激素样不良反应；或有些中药活性成分会因消化道酶、酸作用破坏；有些药物过于寒凉（如鞣酸、生物碱），或含大蒜素、大黄素等刺激胃肠引起不良反应等。这些毒副作用在药物制成纳米化制剂后，有望通过药物理化学性能改变、剂型改变而降低毒副作用。例如，中药巴豆霜改性（β-环糊精包裹为环状中空圆筒形空间结构，其空隙开口处或外部呈亲水性，常用于包裹疏水性药物来增加药物的溶解度和溶解速率）制剂，可有效地减少药物的毒性和刺激性。

2.2.1.3 呈现新的药效，拓宽原粉的适应证

一般认为单质硒几乎没有生物活性，而纳米硒经研究表明对连续注射 D-半乳糖引起的小鼠免疫失衡和氧化损伤具有保护作用；碳原子在单体状态下几乎没有生物学效应，但由 60 个碳形成的纳米级 C60，则有抗氧化、抗衰老和细胞保护作用。

2.2.1.4 改变中药传统给药途径和剂型，使中药制剂标准化、国际化

中药现代化需要现代化的剂型，如控释型、靶向给药型、微胶囊剂型等。在药物研究中，固体脂质体纳米粒、纳米球与纳米囊、聚合物胶束纳米药物等载药微粒的问世，提高了药物的制剂水平，同时也为纳米中药的研究提供了一定的基础。

2.2.1.5 改善中药作用方式和时程

利用脂质体、纳米粒子、分子团、纳米乳剂、纳米混悬剂、高分子胶束等技术将药物设计成体内特定分布区、特定生理环境或按特定时程释放的中药制剂，可以改变中药的体内作用方式（不同于传统方式），有人称为"智能给药

系统"或"反馈调节给药系统"。例如，可以将降糖类中药用对血糖敏感的高分子材料包裹成 1～500nm 的颗粒（与胰岛素制法类似），该颗粒进入体内后，只有在血糖升高到一定程度后，才释放包裹于其中的中药，从而可在提高药物生物有效性的同时，降低药物的毒副作用。亦可利用人体血压的变化，将降压类中药制成包裹的纳米颗粒，用于高血压的治疗。如果这两种方法能研究成功，将对中药制剂的现代化作出重大贡献。

2.2.1.6　改善药物剂间比例

根据不同用药目的将中药制成缓控释、靶向制剂，根据患者的不同情况和条件给予不同剂型、不同剂量的中药有效成分、有效部位或复方中药提取物，既方便患者用药，亦可将中药纳米颗粒制成不同时间释放出不同剂量的中药制剂。

2.2.1.7　提高疗效，减少用药量，节省中药资源等

有些中药由于自身的溶解度、稳定性（如内酯类成分）等因素，其疗效无法真正体现，临床上往往需要提高剂量以达到作用效果，但有时由于剂量过大既给患者带来用药不便，又可能会带来相应的毒副作用，利用纳米技术将中药制成 1～1000nm 的颗粒，可有效地提高该类中药的生物有效性和稳定性，降低用药剂量，改善患者用药的顺应性。

采用纳米技术将传统中药制剂（如丸剂、散剂）中的中药加工至纳米尺寸时，细胞全部破壁，破壁细胞中的内容物可直接接触人体的胃肠道黏膜表面及体液，全部被人体吸收。而且将中药制成纳米颗粒时，其比表面积大大增加，与给药部位接触面积增大，而且其黏附性能使药物在吸收部位时间延长，延长了药物的作用时间，提高了生物利用度，极大地减少了药物的服用量，从而缓解有限中药资源的无限开发，节省用药量，尽可能地避免浪费。

2.2.1.8　提升传统给药途径

药物敷贴疗法是中医外治法中的一种，与现代的透皮给药相似。药物敷贴疗法的难点之一是如何使更多的药物透过皮肤，进入血液循环，从而提高药物的功效。传统中药敷贴疗法透皮率低、口服药难吸收利用等难点，纳米技术有可能在促进药物透过皮肤屏障方面起到作用。纳米中药由于小的粒径和大的选择吸附能力，可能有更强的穿透能力，因此更多的纳米中药可以穿透皮肤屏障进入血液循环。

2.2.1.9 增加中药的溶解性和溶出速率

如何提高难溶性（或不溶性）中药的溶解度和溶出速度对于中药的临床应用极为重要。有些中药不但不溶于水，甚至不溶于有机溶剂，利用脂质体、纳米颗粒等纳米技术可以有效地改善这些中药的溶解度和溶出率，使以前由于药物自身难溶所限制的临床应用的情况得到改善。虽然目前国家食品药品监督管理总局对固体中药制剂未明确要求进行体外溶出试验，但体外溶出仍是中药现代化制剂的重要检测手段之一。

2.2.1.10 改善中药纳米微粒表面的亲水性和亲油性

纳米颗粒能进行表面修饰改变一些中药制剂的亲水性和亲油性，从而可根据不同用药目的将中药颗粒制成不同溶解性能、不同溶解程度的纳米粒，提高中药的生物有效性、靶向性和疾病治疗的特异性。

2.2.1.11 提高与人体蛋白质的相互作用性

纳米颗粒的一个重要特性是与人体内的蛋白质相结合，中药纳米粒亦不例外。利用生物转运可将中药定量运送到细胞或组织内部，纳米颗粒与人体蛋白质的结合或相互作用可以阻断疾病的发展或治疗疾病，可以提高中药对癌症、艾滋病等疑难病症的治疗效果。

2.2.1.12 降低用餐前后用药的差异性

由于纳米颗粒可以进行表面修饰，可以根据中药的理化性质、用药目的，改变中药纳米粒表面的理化性质，改善或改变植物药自身的体内分布与转动特性，使其免受食物的影响，从而可以改变药物服用时间上的差异性，用药时可以不考虑餐前或餐后的问题（或少考虑这类问题）。

2.2.1.13 降低药物的个体差异

普通制剂的个体差异较大，将中药制成纳米粒、脂质体、纳米乳等，再以适宜的制剂形式给药可以大大降低药物的个体差异，降低或避免食物对中药吸收的影响，这将加快现代中药制剂的发展，扩大中药制剂的应用范围。

纳米技术在药物制剂领域应用的重要标志之一是降低药物的个体差异。目前临床上应用的中药制剂基本上都存在着一定的个体差异，几乎没有一个中药制剂的临床有效率为100%（与个体差异有关）。应用纳米技术将中药制成纳米粒或进行表面修饰可以降低其吸收方面的个体差异，提高药物治疗的有效率。

中药纳米粒的临床作用可能会发生意想不到的变化。

2.2.1.14　增强药物稳定性

　　传统中药制成纳米中药剂型，可使原有功效增加、新功能出现和毒副作用减少。纳米载药系统的纳米中药，或中药有效成分实现自身包埋而形成封闭式制剂，均能增强药物物理、化学、生物学的稳定性。由于中药来源（种植地、采集季节等）的特殊性，在其生产储存和使用过程中，较西药存在更为复杂和不稳定的因素。应科学地选择中药材的产地、采集时间、选用药材部位及其炮制的工艺，原材料加工过程应排除热、湿、光、霉变、农药的影响，尽可能减少或避免影响药物稳定性的因素。

2.2.2　纳米技术对中药的影响

2.2.2.1　纳米技术对药效学的影响

　　1）影响药物的两重性

　　药物作用一重性是改变机体生理、生化或病理生理、病理过程达到治疗目的，称治疗作用，即药效作用，另一重性与治疗无关或引起生理、生化过程紊乱的不良反应，包括毒副、过敏、突变、畸变等反应。纳米药粒或纳米载体系统给药作用：①因纳米粒小发挥物理学尺寸效应大，比表面积大，能增大药物溶解度，使难溶药物得以溶解，药效又与药物浓度正相关，使药效增加；另外，因纳米药物单位有效药物所需浓度下降，使药物不良反应下降。②纳米药物性质或纳米药物载体使药物理或化学性质改变，如疏水性、亲水性、药物作用化合键（氢键、共价键）、分子结构、体积、形状、长短的改变均影响药物作用。③纳米药物载体可增强药物疗效和扩大应用范围，如脂质载体（抗癌药，抗寄生虫药，酶、肽、蛋白质，或载体的修饰），修饰脂质体（掺入糖脂，热敏脂质体）激素，抗生素载体及重金属螯合物载体，微乳载体，免疫磁性纳米粒，磁性脂质体可为基因传递载体等。

　　2）影响药物作用途径

　　纳米药物被载体制成囊状物或包裹在聚合物基质中加工成相应制剂，或以口服剂型将不被消化道酶、酸降解，如蛋白肽类生物制品胰岛素等纳米载体经处理后可以口服，能经口、胃肠道吸收，还有应用喷雾剂经呼吸道给药，以及鼻黏膜给药改变生物膜性质作用，对中枢神经系统疾病更有利。局部用药，如眼部、皮肤等处给药能提高局部的治疗效果。

3）影响药物作用机制

纳米药物常用载体系列，如微乳、表面活性剂、聚合物大分子、脂质体、凝胶中的极性基团，有非特异性药理作用，将影响药物在体内的作用行为；纳米载体药中的单克隆抗体、蛋白质、多肽、激素、酶及载基因载体与组织、细胞和细胞内靶受体及相关基因特异性作用；纳米药物影响网状内皮系统（RES）的功能，如肝脏库普弗细胞和血液中吞噬细胞，血管、淋巴管壁细胞膜选择性通透屏障等特异性机制影响药物治疗作用。

4）影响药物动力过程

纳米药物尺寸效应，载体的理化性质均影响药物在体内吸收运转，生物代谢转化，药-时曲线等动态过程变化，影响药物行为，影响药物靶向、释放、药物剂量而改变药效学。

5）影响药物控释

因纳米药粒的性质、纳米药物载体的性质及制剂制备技术及相应机体的功能、结构作用，使药物在体内开始（初期）呈现爆发释放、急性效应、突发效应，后期缓慢释放的弛缓效应维持药物较持久的作用时间（持久效应），还有少数药的迟后释放，为后发效应（继发效应），药物这种控释作用防止疾病继发或疾病复发起到一定作用。

2.2.2.2 纳米技术对药动学的影响

药动学又称药物代谢动力学，研究药物在体内吸收、分布、代谢和排泄的规律，特别是血药浓度随时间而变化的规律。药物在体内的过程是一个动态过程，通过药物血浓度的测定，并用药动学的模型推算药物在体内吸收、分布和消除的各项数值。生物利用度是通过血药物浓度来表示药物剂型的吸收速率和程度（吸收量）。药物表观分布容积可用来估计药物在体内分布情况。药物在体内的吸收、分布和排泄统称为药物转运，而其在体内发生化学改变则称为药物代谢或转化（生物转化），药物在体内可以是游离状态（游离药物）、结合状态（蛋白质结合、载体结合、受体结合）或药物前体、代谢中间产物、终末产物等。

纳米粒、纳米球、纳米囊均作为药物载体（脂质、聚合物、微乳、分子凝胶及表面活性剂、助活剂等）可使药物剂型、药物结构、性质、功能改变，吸收、分布改变等。纳米药物药效学改变，正是这些体内动态过程变化而引起的。研究认识纳米药物的药动学特征除借鉴传统药物知识外，还要研究纳米药物特有的特征，对纳米药物开发制备应用很有指导意义。

2.2.3　纳米技术对中药发展的意义

2.2.3.1　中药发展的机遇

近年来，随着人类疾病谱和医疗模式的改变，对合成药物的局限性和毒副作用认识的不断深入，以及化学药物开发难度的增加，在全球"回归自然"潮流的推动下，人们对自身的保健意识在不断提高，在追求疗效的同时，对用药的安全性也提出了更高的要求。中医中药凭借其在防病、治病、康复、保健方面的疗效和相对较低的毒性等特色，越来越受到世界各国人民的青睐，这也为中药在 21 世纪的生存和发展提供了更为广阔的空间。目前，中药的知识产权保护已大大增强，我国的中药在资源、人才、知识储备等各个方面都有明显优势。因此，在纳米技术发展的初级阶段，应及早将这一高新技术引入到著名传统中药品种的二次开发和创新中药的研制中，突破传统中药的产业模式，发展全新的中药加工方法和中药剂型，这对于我国开发具有自主知识产权的中药新药，使中药产业在我国加入世界贸易组织（WTO）后成为国民经济新的增长点，具有重要意义。

2.2.3.2　中药发展的挑战

世界植物药是一个巨大的市场，但中国占国际植物药市场的份额很低，大部分是原料，而德国、日本和韩国十分重视新技术的应用，其产品具有较高的科技含量，因此在国际市场上的份额大大超过中国，而且在高销售额品种中难觅中国产品的踪影。不仅如此，我国每年还要花数亿美元进口，这与我国具有发达的中医药体系和丰富的中药资源的传统中医药大国地位极不相称。这其中重要的原因就是我国中药制药领域综合技术水平落后。目前我国大部分中药制剂由于存在以下问题，仍很难进入国际主流医药市场：①服用量大，生物利用度低；②质量不稳定，缺乏可靠的质量标准；③剂型单一，制剂工艺落后；④中药的毒性、农药残留物及重金属污染等问题。这固然与中药区别于化学药的最大特征——成分的复杂性和作用的多靶点有关，但我国制剂技术整体水平低下也是一个重要因素。中药的制剂技术落后很大程度上已成为我国中药走向国际的技术瓶颈，制约了我国的中药资源优势向产业优势的转化。要改变这一现状就必须将各种新技术引入现代中药的研究，纳米技术就是其中之一。如今，药物制剂正向着"三效"（高效、长效、速效）、"三小"（剂量小、毒性小、不良反应小）、"三方便"（储存方便、携带方便、使用方便）的方向发展。

2.3 水溶性生物活性物质功能检测的意义

随着科学技术的进步，大量新技术、新方法的涌现为现代中药的研究提供了有效的技术手段。在众多的新技术、新方法中，纳米技术作为一门在 0.1～100nm 空间尺度内操纵原子和分子，对材料进行加工，制造出具有特定功能产品的高新技术，被认为是"今后 10 年最可能使人类发生巨大变化的 10 项技术"之一。将纳米技术引入药品和保健食品研究（尤其是中药及其保健品研究）的思路可以解决其目前生物利用度低、起效慢、毒性大等瓶颈问题。应用纳米颗粒、胶体溶液、纳米乳等技术将药品或保健食品中的活性成分进行水溶性制备，其被吸收的速度加快，药物产生疗效快，因此药物的使用量减少，毒副作用降低，治疗或保健效果提高。

经超纳米化后的生物活性物质都可提高其使用效果，如吸收的速度加快，药物产生疗效快，药物的使用量减少，进而加大脂溶性化合物的溶解度和溶出速度，除了提高生物利用度或靶向性外，非常适用于口服、舌下、静脉注射、透皮剂、无针注射等多种新型给药途径，具有工业化生产的巨大潜力。然而，经纳米化粒径改造技术制备的水溶性生物物质的活性功能、生物利用度和毒性是否有所改善。因此，针对水溶性生物活性物质面临的这一问题，本书重点对利用纳米化粒径改造技术制备水溶性生物活性物质的功能进行了研究，对水溶性生物活性物质的活性、生物利用度和毒性等问题进行探讨，从而为我国的药品和保健品生产企业及其产品销售模式提供新的发展思路，发展前景十分广阔。

第二篇

水溶性生物活性小分子单体
化合物功能检测

第3章 水溶性甘草酸

3.1 甘草酸简介

3.1.1 甘草酸的化学结构和理化性质

甘草酸为三萜类化合物,结构式见图 3-1。甘草酸难溶于冷水、乙醚,可溶于热水、乙醇、丙酮,但溶于热水后,冷却即呈胶体状沉淀析出;相对分子质量 822.92,分子式 $C_{42}H_{62}O_{16}$,熔点 212~217℃。

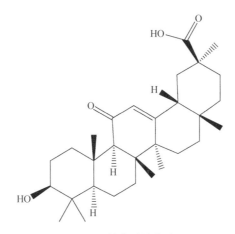

图 3-1 甘草酸结构式
Fig. 3-1 Structure of glycyrrhizic acid

3.1.2 甘草酸的生物活性

1. 解毒作用

甘草酸对某些药物、毒物中毒情况有一定的解毒作用,作为一种植物性的凝血酶抑制剂,可用于蝮蛇咬伤和术中静脉血栓的治疗,同时对于多种毒素,如白喉毒素、河豚毒素、破伤风毒素和蛇毒等有着较强的解毒功效,缓解中毒症状,提高机体耐受力,并减少死亡率,故有"甘草能解百药毒"之说。除此之外,甘草酸能有效对抗铅引起的毒副作用,可用于预防和控制环境污染引起的疾病。

2. 抗肿瘤作用

通过抑制乙酰转移酶活性，甘草酸可抑制肿瘤恶化，并可抑制 DNA 合成限速酶，从而抑制癌细胞增殖；甘草酸可诱导多种肿瘤细胞凋亡，包括人类胃癌细胞、白血病原髓细胞 HL-60 和肝癌细胞。

3. 镇咳抗哮喘作用

甘草酸对豚鼠有明显的镇咳作用，口服后能覆盖在发炎的口腔黏膜上，缓和炎性刺激而镇咳，同时可刺激黏膜分泌，具有一定的祛痰作用。也有研究称甘草酸具有与其他药物协同抗哮喘的作用。

4. 抗艾滋病病毒作用

甘草酸对艾滋病病毒（HIV）有较强的抑制作用。日本学者伊藤正彦等发现它对 HIV 的体外增殖及细胞变性有抑制作用，其作用机制是降低蛋白激酶 C 的活性。同时甘草酸可通过增强机体自身免疫力来抑制 HIV 的增殖。

5. 抗炎保肝作用

甘草酸对多种因素诱导的肝损伤，如术后内毒素、苍耳子、CCl_4、脂多糖和 D-氨基半乳糖、异硫氰酸 α-萘酯等，都具有明显的保护作用。甘草酸在临床上被用于治疗各种急性、慢性、病毒性肝炎，具有明显的抗病毒、抗氧自由基的肝脏保护作用；Kimura 等发现甘草酸对于大鼠部分肝脏切除的术后恢复、肝脏再生有较好的促进作用。

6. 其他药用活性

甘草酸具有一定的抗菌作用；对胃炎、胃溃疡、肠胃痉挛等有较好的疗效；镇静，保护神经；抗结核；增强免疫力等。

3.1.3　甘草酸临床制剂

甘草酸类制剂主要包括强力新、强力宁、复方甘草甜素片（美能片剂）、复方甘草甜素注射液（美能注射液）、甘利欣等，在临床应用广泛。这些制剂的主要有效成分为甘草酸单铵或甘草酸二铵盐，虽然改善了溶解性，但屡有不良反应及安全性问题的报道，影响肝、肾功能，引起水钠潴留、肝性腹水、高血压、假性醛固酮增多症等症状。

3.2　水溶性甘草酸对 CCl₄ 致大鼠肝损伤的治疗作用

3.2.1　实验材料、仪器与动物

3.2.1.1　实验材料与仪器

甘草酸，纯度 98%	西安慧科生物科技有限公司
四氯化碳，分析纯	天津市进丰化工有限公司
电子天平	BS200s-WEILmg-210g，德国
扫描电子显微镜	MX2600FE，英国 CamScan 公司
高效液相色谱仪	1525，Waters 公司
激光粒度仪	ZETASIZER-3000HS，Malvern 公司
半自动生化分析仪	GF-D300，山东高密彩虹分析仪器有限公司
Millipore 超纯水系统	美国 Millipore 公司
自动电热压力蒸汽灭菌器	LDZX-40BI，上海申安医疗器械厂
碱性磷酸酶（ALP）检测用试剂盒	南京建成生物工程公司
丙氨酸转氨酶（ALT）检测用试剂盒	南京建成生物工程公司
天冬氨酸转氨酶（AST）检测用试剂盒	南京建成生物工程公司
羟脯氨酸（Hyp）检测用试剂盒	南京建成生物工程公司
谷胱甘肽过氧化物酶（GSH-Px）检测用试剂盒	南京建成生物工程公司
铜锌超氧化物歧化酶（CuZn-SOD）检测用试剂盒	南京建成生物工程公司

3.2.1.2　实验动物

Wistar 大鼠 40 只，雌雄各半，体重（200±20）g，由哈尔滨医科大学附属肿瘤医院实验动物中心提供，合格证号 SCXK（黑）2006-008。大鼠在温度为（20±4）℃及相对湿度为（50±10）%的环境中饲养，并处以 12h/12h 的光照及黑暗环境循环。在实验前，所有大鼠在不锈钢铁笼里适应环境 1 周。大鼠被允许自由进食实验室鼠用食物及自来水。所有操作过程中实验动物均被人性化对待。

3.2.2 实验方法

3.2.2.1 大鼠分组及标记

40 只实验大鼠被随机分配为 4 组，每组 10 只，分别为甘草酸单铵组、注射用纳米甘草酸组（简称"纳甘组"）、模型组、对照组。以苦味酸涂抹大鼠不同部位作为标记，并在造模前一天称重。

3.2.2.2 大鼠肝损伤模型的建立

以 CCl₄ 与大豆油混合（1∶1，$V∶V$）作为肝毒性物质造模。以 1ml/kg 大鼠体重为单位，口服给药 2 次/周，构造大鼠慢性肝损伤模型。其中甘草酸单铵组、纳米甘草酸组、模型组以油溶 CCl₄ 处理，对照组以同样剂量的大豆油处理。其中大鼠体重以前一天的称量数据为准。给药期间，定期从各组大鼠眼眶后静脉丛取血，测定 ALT 和 AST 值，以模型组与其余各组有显著差异（$P<0.01$）为造模成功。

3.2.2.3 给药剂量的确定

给药剂量的设计参考市售美能注射液的给药剂量，并参照人临床剂量与实验动物给药剂量换算表，进行适当的换算，使用 $1.71×10^{-5}$mol/（kg·d）（以甘草酸单铵计算）的给药剂量。

3.2.2.4 药物的配制

注射用甘草酸由本实验室自制（由水溶性粉体制备实验室提供），临用前无菌条件下用超纯水配制，备用。

3.2.2.5 模型建立后的给药修复

在实验组大鼠肝纤维化模型建立之后，连续 4 周静脉注射给药进行治疗。给药剂量为：$1.71×10^{-5}$mol/（kg·d）（以甘草酸单铵计算）。所有注射药品均溶于去离子水中。模型组及对照组以相同剂量注射去离子水。

3.2.2.6 大鼠血清的制备

最后一次给药后大鼠被停止喂食过夜（不断水）。给药后 24h，以大鼠眼眶采血法收集各组大鼠血液于 Ependorff 管中。随后于 37℃静置 1h，2000g 离心 10min，取上清液，冷冻保存于 –70℃冰箱中，以待检测。

3.2.2.7　大鼠肝脏指数的测定

大鼠处死前称重。处死后，取大鼠肝脏，用冰冷的生理盐水漂洗，除去血液，滤纸拭干，准确称重，按式（3-1）计算大鼠肝脏指数。

$$大鼠肝脏指数=肝脏质量（mg）/大鼠体重（g）\qquad（3-1）$$

3.2.2.8　大鼠肝组织匀浆液的制备

取 0.2～1g 的肝组织块，用冰冷的生理盐水漂洗，除去血液，滤纸拭干，准确称重，放入 10ml Ependorff 管中。量取组织质量 9 倍体积的生理盐水，先将总量 1/3 的生理盐水加入 Ependorff 管，与肝组织混合，以高速电动匀浆机将组织磨碎，使组织匀浆化。将剩余 2/3 的生理盐水冲洗匀浆机转子，收集残余的匀浆液。随后将制备好的 10%匀浆用低温离心机以 4℃，3000r/min 离心 15min，取上清液备用。

3.2.2.9　大鼠血清及肝组织匀浆液的检测

采用山东高密彩虹半自动生化分析仪对血清及肝匀浆进行分析。采用南京建成生物工程公司试剂盒检测血清中 ALT、AST、ALP 含量，检测肝匀浆中 GSH-Px、SOD 及 Hyp 的含量。所有操作均按照试剂盒说明书的标准过程进行。

1）血清中谷丙转氨酶（ALT）的测定（赖氏法）

按表 3-1 操作步骤进行血清 ALT 活力单位的试剂盒检测。

表 3-1　ALT 检测试剂盒操作步骤
Tab. 3-1　Operation steps of ALT detection kit

项目	测定管	对照管
血清样本/ml	0.1	—
基质液（37℃预热 5min）/ml	0.5	0.5
混匀后，37℃水浴 30min		
2,4-二硝基苯肼液/ml	0.5	0.5
血清样本/ml	—	0.1
混匀后，37℃水浴 20min		
0.4mol/L 氢氧化钠液/ml	5	5

混匀后，室温放置 5min，于波长 505nm 下、光径 1cm、蒸馏水调零条件下，测各管 OD 值，并按式（3-2）、式（3-3）计算 ALT 活力单位。

$$绝对 OD 值=测定管 OD 值–对照管 OD 值\qquad（3-2）$$
$$y=a+bx+cx^{1.5}+dx^{2.5}+ex^3\qquad（3-3）$$

式中，y 为 ALT 活力单位；x 为绝对 OD 值；$a=-0.018\,234\,851$；$b=453.802\,61$；$c=-781.858\,36$；$d=3398.7434$；$e=-2394.9714$。

2）血清中谷草转氨酶（AST）的测定（赖氏法）

按表 3-2 操作步骤进行血清 AST 活力单位的试剂盒检测。

表 3-2　AST 检测试剂盒操作步骤
Tab. 3-2　Operation steps of AST detection kit

项目	测定管	对照管
血清样本/ml	0.1	—
基质液（37℃预热 5min）/ ml	0.5	0.5
混匀后，37℃水浴 30min		
2,4-二硝基苯肼液/ml	0.5	0.5
血清样本/ml	—	0.1
混匀后，37℃水浴 20min		
0.4mol/L 氢氧化钠液/ml	5	5

混匀后，室温放置 10min，于 505nm、1cm 光径、蒸馏水调零条件下，测各管 OD 值，并按式（3-2）、式（3-4）计算 AST 活力单位。

$$y=a+bx+cx^{1.5}+dx^3 \tag{3-4}$$

式中，y 为 AST 活力单位；x 为绝对 OD 值；$a=-0.000\,600\,822\,01$；$b=0.004\,833\,559\,5$；$c=-0.000\,245\,779\,54$；$d=9.741\,058\,2\times10^{-9}$。

3）血清中碱性磷酸酶（ALP）的测定

按表 3-3 操作步骤进行血清 ALP 活力的试剂盒检测。

表 3-3　ALP 检测试剂盒操作步骤
Tab. 3-3　Operation steps of ALP detection kit

项目	测定管	标准管	空白管
血清/ml	0.05	—	—
0.1mg/ml 酚标准应用液/ml	—	0.05	—
双蒸水/ml	—	—	0.05
缓冲液/ml	0.5	0.5	0.5
基质液/ml	0.5	0.5	0.5
充分混匀，37℃水浴 15min			
显色剂/ml	1.5	1.5	1.5

立刻混匀，在波长 520nm、光径 0.5cm 或 1cm、蒸馏水调零条件下，测定各管 OD 值，并按式（3-5）计算碱性磷酸酶活力（金氏单位/100ml）。

$$碱性磷酸酶=\frac{测定管OD值}{标准管OD值}×标准管含酚量(0.005mg)×\frac{100ml}{0.05ml}　（3-5）$$

4）肝组织羟脯氨酸（Hyp）含量的测定

准确称取肝组织，按"3.2.2.8 大鼠肝组织匀浆液的制备"制备肝组织匀浆液，按表 3-4 操作步骤进行肝组织 Hyp 含量的试剂盒检测。

表 3-4　Hyp 检测试剂盒操作步骤
Tab. 3-4　Operation steps of Hyp detection kit

项目	空白管	标准管	测定管
双蒸水/ml	0.25	—	—
5μg/ml 标准应用液/ml	—	0.25	—
待测样本/ml	—	—	0.25
消化液/ml	0.05	0.05	0.05
	混匀，37℃水浴 3h		
试剂 1/ml	0.5	0.5	0.5
	混匀，室温静置 10min		
试剂 2/ml	0.5	0.5	0.5
	混匀，室温静置 5min		
试剂 3/ml	1.0	1.0	1.0

混匀，60℃水浴 15min，冷却后 3500r/min 离心 10min，取上清液，于 550nm、1cm 光径、蒸馏水调零条件下，测各管吸光度，并按式（3-6）计算 Hyp 含量。

$$羟脯氨酸含量=\frac{测定管OD值-空白管OD值}{标准管OD值-空白管OD值}×5μg/ml÷\frac{样本称重(g)}{所加匀浆介质(ml)}　（3-6）$$

5）肝组织超氧化物歧化酶（SOD）活力的测定

准确称取肝组织，按"3.2.2.8 大鼠肝组织匀浆液的制备"制备肝组织匀浆液，按表 3-5 操作步骤进行肝组织蛋白含量的试剂盒检测。

表 3-5　肝组织蛋白测定试剂盒操作步骤
Tab. 3-5　Operation steps of protein detection kit

项目	空白管	标准管	测定管
蒸馏水/ml	0.05	—	—
0.563g/L 标准液/ml	—	0.05	—
样品/ml	—	—	0.05
考马斯亮蓝显色剂/ml	3.0	3.0	3.0

混匀，静置 10min，于 595nm、1cm 光径、蒸馏水调零条件下，测各管 OD 值，并按式（3-7）计算蛋白质含量。

$$蛋白质浓度(g/L) = \frac{测定管OD值 - 空白管OD值}{标准管OD值 - 空白管OD值} \times 标准管浓度\,(0.563g/L) \quad (3\text{-}7)$$

准确称取肝组织，按"3.2.2.8 大鼠肝组织匀浆液的制备"制备肝组织匀浆液，按表 3-6 操作步骤进行肝组织 CuZn-SOD 活性的试剂盒检测。

表 3-6　CuZn-SOD 试剂盒检测操作步骤
Tab. 3-6　Operation steps of CuZn-SOD detection kit

试剂	CuZn-SOD 对照管	CuZn-SOD 测定管
试剂 1/ml	1.0	1.0
对照上清液/ml	0.05	—
样本上清液/ml	—	0.05
试剂 2/ml	0.1	0.1
试剂 3/ml	0.1	0.1
试剂 4/ml	0.1	0.1
涡旋充分混匀，37℃水浴 40min		
显色剂	2	2

混匀，室温放置 10min，于波长 550nm 处、1cm 光径、蒸馏水调零条件下，测各管 OD 值，并按式（3-7）、式（3-8）计算 CuZn-SOD 活力（U/mg 蛋白质）。

$$SOD活力 = \frac{对照管OD值 - 测定管OD值}{对照管OD值} \div 50\% \times \frac{反应液体积}{取样量(ml)} \div 蛋白质浓度 \quad (3\text{-}8)$$

6）肝组织谷胱甘肽过氧化物酶（GSH-Px）活力的测定

准确称取肝组织，按"3.2.2.8 大鼠肝组织匀浆液的制备"制备肝组织匀浆液，按表 3-5 操作步骤进行肝组织蛋白含量的试剂盒检测，按表 3-7 操作步骤进行肝组织 GSH-Px 活力测定。

混匀，室温静置 15min，于波长 412nm、1cm 光径、蒸馏水调零条件下，测各管 OD 值，并按式（3-9）计算 GSH-Px 活性。

$$GSH\text{-}Px活性 = \frac{非酶管OD值 - 酶管OD值}{标准管OD值 - 空白管OD值} \times 20\mu mol/L \times 5 \div 反应时间 \div (取样量 \times 蛋白质含量)$$
$$(3\text{-}9)$$

3.2.2.10　肝组织病理学观察

大鼠肝右叶常规切片，HE 染色，显微镜下（×400）观察组织病理学。并按照以下标准进行评分：1 分（−）为肝小叶结构完整，肝细胞整齐，无异常；2 分（+）为肝细胞局限性变性、轻微纤维化、灶状坏死，有少量炎细胞浸润；3 分（++）为肝细胞弥漫性变性、坏死、纤维化、局限性坏死，肝小叶结构改变，有较多炎细胞浸润；4 分（+++）为肝细胞弥漫性变性、坏死、纤维化较

表 3-7　GSH-Px 检测试剂盒操作步骤
Tab. 3-7　Operation steps of CSH-Px detection kit

项目	空白管	标准管	非酶管	酶管
1mol/L GSH/ml	—	—	0.2	0.2
待测匀浆	—	—	—	0.2
37℃水浴预温 5min				
试剂 1（37℃预温）/ml	—	—	0.1	0.1
37℃水浴准确反应 5min				
试剂 2 应用液/ml	—	—	2	2
待测匀浆/ml	—	—	0.2	—
混匀，3500～4000r/min 离心 10min，取上清液 1ml 作待测样品进行以下步骤				
GSH 标准品应用液/ml	1	—	—	—
20μmol/L GSH 标准液/ml	—	1	—	—
上清液/ml	—	—	1	1
试剂 3 应用液/ml	—	—	—	1
试剂 4 应用液/ml	0.25	0.25	0.25	0.25
试剂 5 应用液/ml	0.05	0.05	0.05	0.05

重，肝小叶结构严重破坏，大量炎细胞浸润。

3.2.2.11　分析处理

所有数据以 SPSS V17.0 软件进行统计分析，包括方差分析，组间比较采用 t 检验。

3.2.3　结果与讨论

3.2.3.1　大鼠肝脏指数

按式（3-1）计算大鼠肝脏指数。大鼠肝脏异常增大，主要表现在肝脏指数增大。因此肝脏指数可以在一定程度上反应肝脏的损伤情况。与对照组相比，模型组大鼠的肝脏指数显著升高（$P<0.01$）。与模型组相比，甘草酸单铵组与纳米甘草酸组肝脏指数均显著降低（$P<0.05$）。与甘草酸单铵组相比，纳米甘草酸组肝脏指数降低了 3.42%。结果见图 3-2。

3.2.3.2　血清中 ALT、AST 及 ALP 的活性

转氨酶是肝脏代谢中的主要酶类，ALT 是丙氨酸酶（谷丙转氨酶），AST 是天门冬氨酸酶（谷草转氨酶），两者在肝细胞内都有大量储存。ALT 主要存在于肝细胞液中，AST 则主要存在于线粒体中。

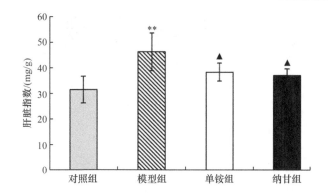

图 3-2　纳米甘草酸对慢性肝损伤大鼠肝脏指数的影响
Fig. 3-2　Effect of nano glycyrrhizic acid on liver index of rats with chronic liver injury
与对照组比较，**$P<0.01$；与模型组比较，▲$P<0.05$

当肝细胞有炎症，肝细胞膜通透性增加时，ALT 外漏至血液中，此时 ALT 值的升高可作为间接判断肝细胞炎症的依据，且炎症的严重程度与 ALT 值正相关。ALT 升高，常见于各种肝损伤，包括药物性、化学性肝损伤及病毒性肝炎等。

AST 因其主要存在于线粒体中，肝损伤前期的炎症反应使得肝细胞通透性增加，但是并不能使线粒体破坏而释放 AST；当肝脏疾病发展到比较严重的程度时，肝细胞坏死引发线粒体受损，AST 才从线粒体中被释放出来，导致血液中 AST 含量的升高。因而 AST 值与肝细胞坏死程度呈正相关。

碱性磷酸酶（ALP）主要是由骨骼中的骨细胞分解而得的，然后经过肝脏、胆道排出体外。如果肝胆发病后，碱性磷酸酶无法及时排出，导致碱性磷酸酶回流入血清中，使得血清中检测的 ALP 值偏高。大鼠慢性肝损伤血清生化指标见图 3-3。

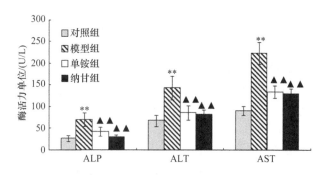

图 3-3　纳米甘草酸对慢性肝损伤大鼠血清 ALP、ALT、AST 活性的影响
Fig. 3-3　Effect of nano glycyrrhizic acid on the activity of ALP，ALT and AST in serum of rats with chronic liver injury
与对照组比较，**$P<0.01$；与模型组比较，▲▲$P<0.01$

与对照组相比，模型组 ALP、ALT、AST 活性显著升高（$P<0.01$），表明造模成功；与模型组相比，甘草酸单铵组和纳米甘草酸组 ALP、ALT、AST 活性均显著降低（$P<0.01$）；与甘草酸单铵组相比，纳米甘草酸组 ALP、ALT、AST 活性分别降低 29.68%、5.15%、3.97%，表明纳米甘草酸的效果优于甘草酸单铵。

3.2.3.3　肝组织羟脯氨酸（Hyp）含量

肝纤维化是由慢性肝炎发展而来的，并且与异常的细胞外基质蛋白，尤其是胶原蛋白的积累有关。羟脯氨酸是胶原蛋白的主要成分，它的含量可以用来估计胶原蛋白的含量，因而可以用来反映肝纤维化的程度。羟脯氨酸含量越高，表明肝纤维化程度越高。

与对照组相比，模型组大鼠肝组织中 Hyp 水平显著升高（$P<0.01$），表明模型制备成功。与模型组相比，甘草酸单铵组与纳米甘草酸组大鼠肝组织中 Hyp 水平显著降低（$P<0.01$）。与甘草酸单铵组相比，纳米甘草酸组 Hyp 水平降低 15.67%，表明纳米甘草酸的效果优于甘草酸单铵。结果见图 3-4。

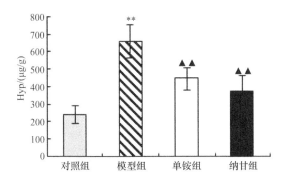

图 3-4　纳米甘草酸对慢性肝损伤大鼠肝组织 Hyp 含量的影响
Fig. 3-4　Effect of nano glycyrrhizic acid on the amount of Hyp in liver tissue of rats with chronic liver injury
与对照组比较，**$P<0.01$；与模型组比较，▲▲$P<0.01$

3.2.3.4　肝组织抗氧化酶的活性

在细胞的正常有氧代谢中会产生活性氧簇（ROS），如超氧负离子和 H_2O_2。细胞内活性氧簇的浓度是由它们的产物及抗氧化剂的去除作用共同决定的。抗氧化酶系统在细胞的抗氧化损伤中起着至关重要的作用。这些酶协同作用，共同抵御超氧负离子与 H_2O_2 对细胞的毒害作用。活性氧簇被认为介导了肝细胞损伤与肝纤维化；由 CCl_4 导致的肝毒性，其可能的机制牵扯到了 CCl_4 产生活性自由基的生物效应：当肝脏处于过量的碳中心三氯甲基毒性环境中时，黄嘌呤氧化酶的活性随着细胞损伤的发展而升高，而该酶可以产生超氧负离子和H_2O_2，这些活性氧簇（ROS）量的增加导致负责清除这些物质的抗氧化酶如SOD、GSH-Px减少，而这些酶的减少程度也反映了肝脏受损的程度。

　　抗氧化酶的含量可以间接反映肝脏活性氧簇的含量，从而指示肝损伤的程度。与对照组相比，模型组大鼠肝组织中 SOD 活性、GSH-Px 水平显著降低（$P<0.01$），表明模型制备成功。与模型组相比，甘草酸单铵组与纳米甘草酸组大鼠肝组织中 SOD 活性和 GSH-Px 水平显著升高（$P<0.05$、$P<0.01$）。与甘草酸单铵组相比，纳米甘草酸组 SOD 活性提高 15.70%，GSH-Px 水平提高 6.56%，表明纳米甘草酸的效果优于甘草酸单铵。结果见图 3-5 和图 3-6。

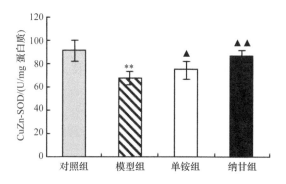

图 3-5　纳米甘草酸对慢性肝损伤大鼠肝组织 SOD 活性的影响
Fig. 3-5　Effect of nano glycyrrhizic acid on the activity of SOD in liver tissue of rats with chronic liver injury
与对照组比较，**$P<0.01$；与模型组比较，▲$P<0.05$ ▲▲$P<0.01$

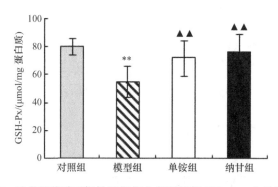

图 3-6　纳米甘草酸对慢性肝损伤大鼠肝组织 GSH-Px 含量的影响
Fig. 3-6　Effect of nano glycyrrhizic acid on the amount of GSH-Px in liver tissue of rats with chronic liver injury
与对照组比较，**$P<0.01$；与模型组比较，▲▲$P<0.01$

3.2.3.5 大鼠肝组织病理学观察

HE 染色的大鼠肝脏病理切片结果显示，对照组肝脏细胞排列较规则，未见水肿、坏死及纤维增生。模型组肝组织正常结构被破坏，肝索排列紊乱，肝细胞水肿，部分呈现气球样变，呈现局部性坏死，纤维组织大量增生，分割肝小叶，提示肝脏受损严重。甘草酸单铵组与纳米甘草酸组肝细胞坏死区域小、纤维增生减少，细胞轻度肿胀；其中甘草酸单铵组肝细胞弥漫性变性，区域性坏死，有大量炎细胞浸润；纳米甘草酸组肝组织有少量炎细胞浸润，多数细胞结构较正常，部分接近正常细胞。表明纳米甘草酸作用强于甘草酸单铵。结果见表 3-8 及图 3-7～图 3-10。

表 3-8　大鼠慢性肝损伤病理评分（$\bar{x} \pm s$）
Tab. 3-8　Pathological score of chronic liver injury in rats（$\bar{x} \pm s$）

组别	n	评分
对照组	10	—
模型组	8	$3.25 \pm 0.71^{**}$
甘草酸单铵组	8	$2.25 \pm 0.38^{\blacktriangle\blacktriangle}$
纳米甘草酸组	9	$1.78 \pm 0.44^{\blacktriangle\blacktriangle}$

注：与对照组比较，$**P < 0.01$；与模型组比较，$\blacktriangle\blacktriangle P < 0.01$

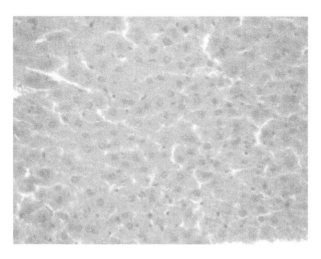

图 3-7　对照组肝脏组织病理图（×400）
Fig. 3-7　Liver tissue pathology of control group（×400）

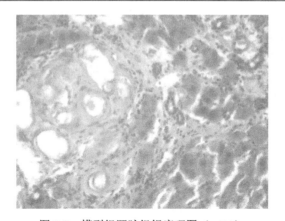

图 3-8　模型组肝脏组织病理图（×400）
Fig. 3-8　Liver tissue pathology of model group（×400）

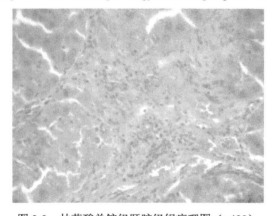

图 3-9　甘草酸单铵组肝脏组织病理图（×400）
Fig. 3-9　Liver tissue pathology of glycyrrhizic acid ammonium salt group（×400）

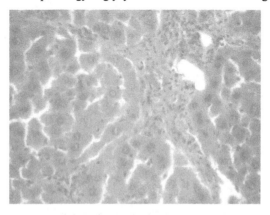

图 3-10　纳米甘草酸组肝脏组织病理图（×400）
Fig. 3-10　Liver tissue pathology of nano glycyrrhizic acid group（×400）

3.3　水溶性甘草酸的大鼠药动学研究

3.3.1　实验材料、仪器与动物

3.3.1.1　实验材料与仪器

甘草酸，纯度 98%	西安慧科生物科技有限公司
绿原酸	中国食品药品检定研究院
电子天平	BS200s-WEILmg-210g，德国
Millipore 超纯水系统	美国 Millipore 公司
自动电热压力蒸汽灭菌器	LDZX-40BI，上海申安医疗器械厂
高效液相色谱仪	Agilent 1100，美国安捷伦公司
三重四极杆质谱检测仪配有电喷雾离子源（ESI）	API3000，美国 ABI 公司
数据处理软件	Analyst 1.4 数据处理系统

3.3.1.2　实验动物

Wistar 大鼠 9 只，体重（200±20）g，由哈尔滨医科大学附属肿瘤医院实验动物中心提供。大鼠在温度为（20±4）℃及相对湿度为（50±10）%的环境中饲养，并处以 12h/12h 的光照及黑暗环境循环。在实验前，所有大鼠在不锈钢铁笼里适应环境 1 周。大鼠被允许自由进食实验室鼠用食物及自来水。所有操作过程中实验动物均被人性化对待。

3.3.2　实验方法

3.3.2.1　LC-MS/MS 分析方法的建立

1. 液相条件

调节流动相中有机相和水的比例使甘草酸和绿原酸分离，加入适量酸来调节峰型以减少拖尾现象，使分离结果符合色谱检测要求。

色谱柱为 Agilent Eclipse XDB-C18 柱（150mm×4.6mm i.d.，5μm）；流动相为 0.1%甲酸水溶液：甲醇（$V:V$=1：9），柱温室温，流速 1ml/min，进样量 10μl。

2. 质谱条件

采用电喷雾离子源（ESI）检测甘草酸和绿原酸（IS）标准品溶液，根据甘草酸和绿原酸的化学结构特点，选择负离子检测模式分别测定这两种物质的一级质谱和二级质谱，选定离子对。优化辅助气和电离参数使电离效果更明显，采用多离子反应监测模式 MRM 检测样品，并继续优化液相条件。

ESI 离子源，MRM 负离子扫描方式，离子源喷雾电压–4500V；离子源雾化温度 300℃；雾化气 12psi①；气帘气 10psi。甘草酸 m/z 821.8→351.3，DP–150V，CE–60V，CXP–5V；绿原酸 m/z 353.0→191.0，DP–130V，CE–27V，CXP–5V。

3.3.2.2　标准样品、内标及质控样品的配制

1. 标准溶液储备液及工作液的配制

精密称取甘草酸标准品 5.00mg，加入 90%的 MeOH 溶解并稀释至 5ml，配制得到浓度为 1mg/ml 的甘草酸标准溶液储备液，储存于–20℃冰箱中；分别移取一定量的上述储备液，加入 50% MeOH 稀释为 10μg/ml、500ng/ml 的二级浓度标准溶液，随后配制得到浓度分别为 5ng/ml、25ng/ml、50ng/ml、100ng/ml、500ng/ml、1000ng/ml、5000ng/ml、10 000ng/ml 的标准溶液工作液。

2. 内标溶液的配制

精密称取绿原酸标准品 2.00mg，加入 90%的 MeOH 溶解并稀释至 2ml，配制成浓度为 1.00mg/ml 的内标储备液；然后使用 50%的甲醇水溶液将该储备液稀释成浓度为 10μg/ml 的二级浓度标准溶液；随后再用 50% MeOH 将浓度为 10μg/ml 的二级浓度标准溶液稀释成浓度为 1μg/ml 的内标工作溶液。

3. 质控样品标准溶液及质控样品的配制

精密称取甘草酸标准品 5.00mg，加入 90%的 MeOH 配制得浓度为 1.00mg/ml 的甘草酸标准溶液储备液，然后使用 50%的 MeOH 溶液稀释该储备液至浓度分别为 100μg/ml 和 10μg/ml 的二级浓度标准溶液，使用上述二级浓度标准溶液，配制成浓度分别为 750ng/ml、15 000ng/ml 和 1500ng/ml 的质控样品工作溶液，在肝素钠抗凝大鼠空白血浆中配制成浓度为 7500ng/ml、1500ng/ml 和 150ng/ml 质控样品。

---

① 1 psi=6.984 76×10^3Pa

3.3.2.3　样品制备过程

移取 200μl 空白肝素钠抗凝大鼠血浆，分别依次加入各浓度甘草酸标准溶液工作液 200μl；待测样品、质控样品和空白对照样品均加入 200μl 50% 的甲醇溶液，涡旋混合均匀，除了空白样品外，其他样品均加入 200μl 内标工作溶液（IS：浓度为 5μg/ml 的绿原酸，溶剂为 50% 甲醇），空白样品加入 200μl 50% 甲醇溶液补齐体积；然后加入 1ml 的乙酸乙酯，涡旋充分混匀，室温下于 3000r/min 下离心 10min，将有机相转移至离心管中，室温下氮气吹干，随后加入 100μl 50% 的甲醇溶液，涡旋充分混匀，充分溶解后于 10 000r/min 下离心 10min，取 10μl 进样，进行 LC-MS/MS 分析。

3.3.2.4　方法专属性考察

专属性考察是对待测生物样品中是否有色谱峰干扰物的检测。方法是按"3.3.2.1 LC-MS/MS 分析方法"及"3.3.2.3　样品制备过程"对大鼠空白血浆样品进行检测。

3.3.2.5　回收率考察

回收率考察包括对甘草酸的考察及对内标绿原酸的考察。对甘草酸的回收率考察方法是分别对 3 个浓度（150ng/ml、1500ng/ml 和 7500ng/ml）水平的大鼠空白血浆加标萃取样品中甘草酸与内标峰面积的比率和未萃取样品中二者峰面积的比率相比。对内标绿原酸的回收率考察方法是大鼠空白血浆加标萃取样品中绿原酸（5μg/ml）与甘草酸（1500ng/ml）峰面积比率和未萃取样品中二者峰面积比率相比。

3.3.2.6　基质效应考察

基质效应是考察血浆中是否有干扰质谱离子检测（正干扰或负干扰）的影响因子。甘草酸基质效应的计算方法是将未萃取样品中甘草酸与内标绿原酸峰面积比率和同浓度的标准溶液中甘草酸与内标峰面积的比率相比。绿原酸基质效应的考察是通过未萃取样品中绿原酸（5μg/ml）与甘草酸（1500ng/ml）的峰面积比值和标准溶液样品中二者的峰面积比率相比。

3.3.2.7　精密度和准确度考察

批内精密度考察是将浓度为 150ng/ml、1500ng/ml 和 7500ng/ml 的甘草酸质控样品，且每个浓度 6 个平行样品，在同一批次内进行测定，代入随行标准曲线求算测定浓度，并计算精密度 RSD 及准确度 RE。

批间精密度考察是对浓度分别为 150ng/ml、1500ng/ml 和 7500ng/ml 的甘草酸质控样品，每个浓度 5 批次，每批次 6 个平行样品，在至少 3d 的时间进行独立的分析考察，代入随行标准曲线求算测定浓度，并计算精密度 RSD 及准确度 RE。

3.3.2.8 最低定量限（lower limit of quantitation，LLOQ）的精密度和准确度考察

对标准曲线最低点平行 6 个样品在同一批次内进行考察，代入随行标准曲线求算测定浓度，并计算精密度 RSD 及准确度 RE。

3.3.2.9 稳定性考察

1. 萃取后样品 2~8℃冰箱放置稳定性的考察

将浓度为 150ng/ml、1500ng/ml 和 7500ng/ml 的质控样品经过样品前处理后，分为两部分，一部分立即进行 LC-MS/MS 分析，另一部分在 2~8℃冰箱中放置 48h 后，随行一条新的标准曲线进行测定求算，并按式（3-10）计算稳定性比率：

$$\%A = （A/B）\times 100\% \tag{3-10}$$

式中，%A 为萃取后样品 2~8℃冰箱放置稳定性比率；A 为初始进样质控样品测定浓度；B 为萃取后的样品在 2~8℃放置 48h 后测定浓度。

2. 室温放置稳定性考察

将浓度为 150ng/ml 和 7500ng/ml 的质控样品分别分为两部分，一部分在室温中放置于实验台上 8h，另一部分则冻存在 –20℃冰箱中，两部分经过同样的处理后在同一批次进行 LC-MS/MS 分析，并按式（3-10）计算稳定性比率。

3. 冻融稳定性考察

3 组浓度为 150ng/ml 和 7500ng/ml 的质控样品，第一组是新配制的，第二组是经过一次冻融后的，第三组是经过 3 次冻融之后的，经过样品前处理后，分别带入新的随行标准曲线进行计算，并按式（3-11）、式（3-12）计算冻融稳定性比率：

$$\%B = （A/B）\times 100\% \tag{3-11}$$

式中，%B 为一次冻融稳定性比率；A 为新配制的质控样品测定浓度；B 为经过一次冻融后的质控样品测定浓度。

$$\%C = （A/C）\times 100\% \tag{3-12}$$

式中，%C 为 3 次冻融稳定性比率；C 为经过 3 次冻融后的质控样品测定浓度。

3.3.2.10　标准曲线的绘制

按"3.3.2.2 标准样品、内标及质控样品的配制"配制标准曲线储备液及浓度为 5ng/ml、25ng/ml、50ng/ml、100ng/ml、500ng/ml、1000ng/ml、5000ng/ml、10 000ng/ml 的标准曲线工作液，按"3.3.2.1 LC-MS/MS 分析方法的建立"进样检测，以样品与内标峰面积比值（Y）对浓度（X）进行线性回归。

3.3.2.11　注射用纳米甘草酸的配制

注射用甘草酸由本实验室自制（由水溶性粉体制备实验室提供），临用前在无菌条件下用超纯水配制，备用。

3.3.2.12　给药及采血方案

按 5mg/kg 的剂量于大鼠尾静脉注射给予注射用纳米甘草酸，并于 0.33h、0.67h、1h、2h、3h、4h、5h、6h、12h 大鼠眼眶后静脉丛采血，收集血液于肝素钠抗凝 Ependroff 管中，迅速摇匀，于 12 000r/min 离心 10min，取上清液，保存于–20℃冰箱中，以待检测。

3.3.2.13　血浆样品的测定

按照"3.3.2.1 LC-MS/MS 分析方法的建立"、"3.3.2.2 标准样品、内标及质控样品的配制"、"3.3.2.3 样品制备过程"，以及描述进行血浆样品的测定。

3.3.2.14　数据处理

实验数据使用 3p97 药动软件进行计算，对房室模型进行判断，并对注射用纳米甘草酸的药代动力学参数进行计算。

3.3.3　结果与讨论

3.3.3.1　LC-MS/MS 分析方法

通过不同比例的水、甲醇流动相比较，最终选择体积比 1：9 作为流动相，为减少拖尾现象在水相中加入甲酸，由于甲酸会抑制电离程度，故本节实验需对甲酸含量进行选择，采用的 0.1%浓度的甲酸既能明显减少拖尾现象，又不会对电离造成太大影响。

1. 液相条件

色谱柱为 Agilent Eclipse XDB-C18 柱（150mm×4.6mm i.d.，5μm）；流动相为 0.1%甲酸水溶液：甲醇（$V:V$=1∶9），柱温室温，流速 1ml/min，进样量 10μl。

2. 质谱条件

ESI 离子源，MRM 负离子扫描方式，离子源喷雾电压–4500V；离子源雾化温度 300℃；雾化气 12psi；气帘气 10psi。甘草酸 m/z 821.8→351.3，DP–150V，CE–60V，CXP–5V；绿原酸 m/z 353.0→191.0，DP–130V，CE–27V，CXP–5V。

3.3.3.2　专属性考察

3 个大鼠空白血浆经过样品前处理后分别对 m/z 821.8→351.3 和 m/z 353.0→191.0 的离子对进行检测：对于甘草酸，在相同保留时间（1.84min）的空白血浆干扰物峰高未超过 LLOQ 峰高的 20%，内标绿原酸在相同保留时间（1.44min）未见干扰峰出现。实验表明，肝素钠抗凝大鼠空白血浆中对被测化合物及内标的干扰较小或无干扰，满足方法学要求，方法专属性良好。结果见图 3-11。

3.3.3.3　回收率考察

实验结果表明，甘草酸的回收率在 81.09%～89.24%，平均回收率为 85.02%，未萃取平行样品测定值的 RSD 在 1.30%～6.21%，萃取样品测定值的 RSD 在 2.01%～7.66%，均满足相应要求。数据结果列于表 3-9 中。

绿原酸的回收率为 76.20%和 87.13%，平均回收率为 81.84%，未萃取平行样品测定值的 RSD 为 5.77%，萃取平行样品测定值的 RSD 为 3.92%，均满足要求。数据结果列于表 3-10 中。

3.3.3.4　基质效应考察

甘草酸的基质效应因子在 97.74%～100.39%，平均值为 98.95%，未萃取平行样品测定值的 RSD 在 1.93%～12.14%，标准溶液平行样品测定值的 RSD 在 1.93%～3.80%，均满足相应要求。测定数据见表 3-11。

绿原酸的基质效应因子在 90.56%～98.03%，平均值为 94.32%，未萃取平行样品测定值的 RSD 为 5.54%，标准溶液平行样品测定值的 RSD 为 2.09%，均满足相应要求。测定数据见表 3-12。

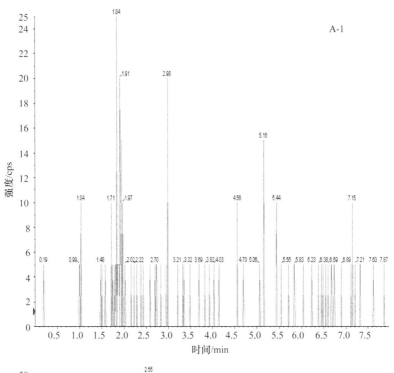

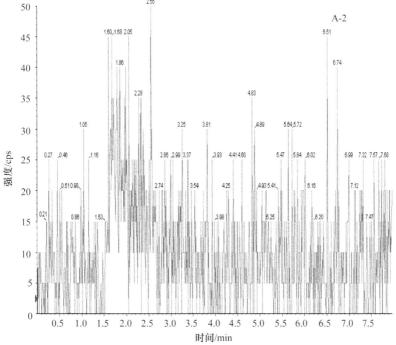

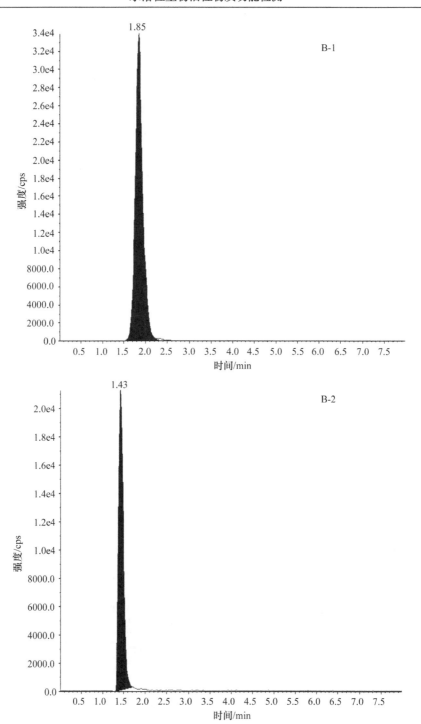

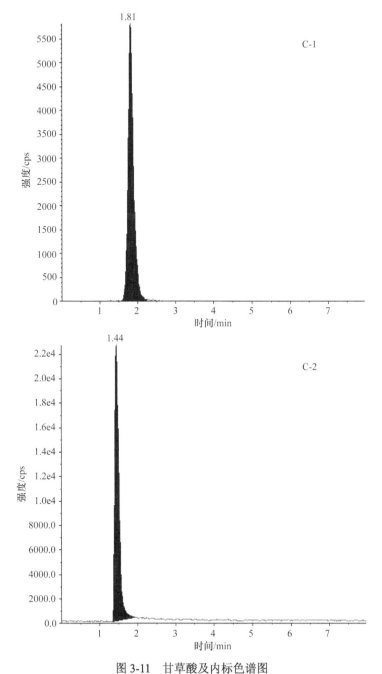

图 3-11　甘草酸及内标色谱图

Fig. 3-11　Chromatography spectra of glycyrrhizic acid and internal standard（IS）

A. 空白血浆色谱图；B. 标准品+空白血浆色谱图；C. 大鼠血浆样品色谱图

1. 甘草酸；2. 内标绿原酸（IS）

表 3-9　甘草酸回收率数据表

Tab. 3-9　Recovery data of glycyrrhizic acid

浓度/（ng/ml）		峰面积			RSD/%	回收率/%	平均回收率/%
		1	2	3			
150	A	0.051	0.053	0.059	7.66	81.09	
	B	0.063	0.069	0.071	6.21		
1500	A	0.541	0.553	0.565	2.17	89.24	85.02
	B	0.611	0.627	0.621	1.30		
7500	A	2.512	2.432	2.422	2.01	84.74	
	B	2.821	2.977	2.901	2.69		

注：A. 萃取样品；B. 未萃取样品

表 3-10　绿原酸（IS）回收率数据表

Tab. 3-10　Recovery data of IS

浓度/（μg/ml）		峰面积			RSD/%	回收率/%	平均回收率/%
		1	2	3			
5	A	1.848	1.932	1.787	3.92	76.20	81.84
	B	2.121	2.351	2.345	5.77	87.13	

注：A. 萃取样品；B. 未萃取样品

表 3-11　甘草酸基质效应数据表

Tab. 3-11　Matrix effect data of glycyrrhizic acid

浓度/（ng/ml）		峰面积			RSD/%	%A/%
		1	2	3		
150	A	0.048	0.053	0.061	12.14	
	B	0.053	0.056	0.055	2.79	
1500	A	0.612	0.572	0.642	5.77	98.95
	B	0.624	0.635	0.611	1.93	
7500	A	2.897	2.713	2.977	4.73	
	B	2.939	2.896	2.733	3.80	

注：A. 未萃取样品；B. 标准溶液；%A=（A/B）×100%

表 3-12　绿原酸（IS）基质效应数据表

Tab. 3-12　Matrix effect data of IS

浓度/（μg/ml）		峰面积			RSD/%	%A/%
		1	2	3		
5	A	1.841	1.993	1.794	5.54	94.32
	B	1.951	2.033	1.981	2.09	

注：A. 未萃取样品；B. 标准溶液；%A=（A/B）×100%

3.3.3.5　精密度和准确度考察

1. 批内精密度和准确度考察

实验结果表明，平行质控样品测定值的 RSD 在 5.59%～7.47%，平均值的相对误差在−11.17%～−9.91%，均满足相应要求。数据结果详见表 3-13。

表 3-13　甘草酸批内精密度和准确度数据表（n=6）

Tab. 3-13　Precision and accuracy data in batch of glycyrrhizic acid（n=6）

浓度/（ng/ml）	平均浓度/（ng/ml）	SD	RSD/%	RE/%
150	134.80	9.326	6.92	−10.14
1500	1351.39	75.488	5.59	−9.91
7500	6662.05	497.943	7.47	−11.17

2. 批间精密度和准确度

测定结果表明。平行质控样品测定值的 RSD 在 6.21%～9.25%，平均值的相对误差在−6.11%～−1.70%，均满足相应要求。测定数据详见表 3-14。

表 3-14　甘草酸质控样品批间精密度和准确度数据表（n=15）

Tab. 3-14　Precision and accuracy data between batch of glycyrrhizic acid（n=15）

浓度/（ng/ml）	平均浓度/（ng/ml）	SD	RSD/%	RE/%
150	140.84	8.745	6.21	−6.11
1500	1459.40	134.948	9.25	−2.71
7500	7372.29	491.288	6.66	−1.70

3.3.3.6　最低定量限（LLOQ）的精密度和准确度考察

实验结果表明，平行样品测定值的 RSD 为 12.83%，平均值的相对误差为−12.05%，均满足 LLOQ 相应的要求。结果见表 3-15、图 3-12 和图 3-13。

表 3-15　甘草酸最低定量限（5ng/ml）精密度和准确度数据表（n=6）

Tab. 3-15　Precision and accuracy data of glycyrrhizic acid LLOQ（n=6）

序号	实测浓度/（ng/ml）	平均浓度/（ng/ml）	SD	RSD/%	RE/%
1	4.04				
2	5.05	4.40	0.564	12.83	−12.05
3	4.11				

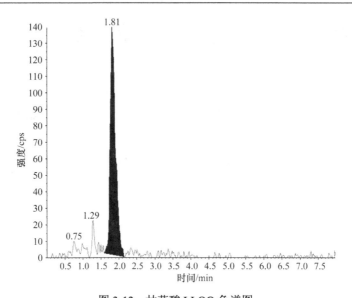

图 3-12　甘草酸 LLOQ 色谱图
Fig. 3-12　LC-MS/MS chromatography spectrum of glycyrrhizic acid LLOQ

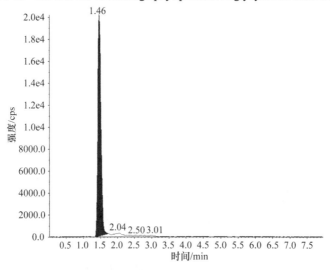

图 3-13　绿原酸（IS）LLOQ 色谱图
Fig. 3-13　LC-MS/MS chromatography spectrum of IS LLOQ

3.3.3.7　稳定性考察

两次的结果比较，重复进样的稳定性比率平均值为 99.82%，平行测定值的 RSD 在 3.04%～8.50%，平均值的相对误差在 –7.03%～4.10%，结果表明萃取后的样品在 2～8℃冰箱放置至少 48h 是稳定的。数据结果详见表 3-16。

表 3-16 甘草酸质控样品冰箱放置稳定性数据表（n=6）
Tab. 3-16 Stability data of quality control samples in refrigerator（n=6）

浓度/（ng/ml）		平均浓度/（ng/ml）	SD/%	RSD/%	RE/%	%A/%	平均 %A/%
150	A	148.98	12.661	8.50	−0.68	104.50	
	B	142.57	7.480	5.25	−4.96		
1500	A	1383.66	73.707	5.33	−7.76	92.22	99.82
	B	1500.46	109.637	7.31	0.03		
7500	A	7042.98	214.142	3.04	−6.09	99.12	
	B	7105.86	239.499	3.37	−5.26		

注：A. 初始进样质控样品测定浓度；B. 萃取后的样品在 2～8℃放置 48h 后测定浓度；%A=（A/B）×100%

1. 室温放置稳定性考察

测定结果表明，室温放置的样品稳定性比率平均值为 107.85%，平行样品测定值的 RSD 在 2.79%～4.91%，平均值的相对误差在−9.84%～−1.17%，说明质控样品在室温中放置 8h 是稳定的。测定结果详见表 3-17。

表 3-17 甘草酸质控样品室温放置稳定性的数据表（n=6）
Tab. 3-17 Stability data of quality control samples in room temperature（n=6）

浓度/（ng/ml）		平均浓度/（ng/ml）	SD/%	RSD/%	RE/%	%A/%	平均 %A/%
150	A	146.17	7.170	4.91	−2.56	108.07	
	B	135.25	5.425	4.01	−9.84		
							107.85
7500	A	7412.15	275.486	3.72	−1.17	107.62	
	B	6887.35	191.988	2.79	−8.17		

注：A. 质控样品立即处理后的测定浓度；B. 室温中实验台放置 8h 后再处理的质控样品测定浓度；%A=（A/B）×100%

2. 冻融稳定性考察

比较 3 组样品的测定结果，一次冻融质控样品的稳定性比率在 95.61%～98.91%，3 次冻融质控样品的稳定性比率在 94.42%～107.66%，冻融稳定性比率平均值为 99.15%。结果表明，大鼠血浆中甘草酸 1～3 次冻融是稳定的。测定结果详见表 3-18。

3.3.3.8 标准曲线线性关系考察

以样品甘草酸与内标绿原酸峰面积比值（Y）对甘草酸浓度（X）进行线性

表 3-18　甘草酸质控样品冻融稳定性的数据表（*n*=6）

Tab. 3-18　Stability data of quality control samples in freezing and thawing（*n*=6）

浓度/（ng/ml）		平均浓度/（ng/ml）	SD	RSD/%	RE/%	%*B*/%	%*C*/%	平均回收率/%
150	A	146.24	9.872	6.75	-2.51			
	B	152.96	14.104	9.22	1.97	95.61	107.66	
	C	140.43	5.356	3.81	-6.38			99.15
7500	A	6864.77	258.802	3.77	-8.47			
	B	6940.45	276.714	3.99	-7.46	98.91	94.42	
	C	7270.66	677.590	9.32	-3.06			

注：*A*. 新配制的质控样品测定浓度；*B*. 经过一次冻融后的质控样品测定浓度；*C*. 经过 3 次冻融后的质控样品测定浓度；%*B*=（*A/B*）×100%；%*C*=（*A/C*）×100%

回归。回归方程 $Y=3.384\times10^{-4}X+2.509\times10^{-3}$（$r^2=0.9977$），表明浓度范围在 5～10 000ng/ml 时，线性良好。结果见图 3-14。

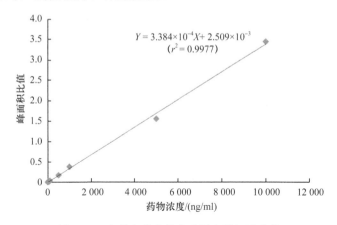

图 3-14　大鼠血浆中甘草酸测定的标准曲线

Fig. 3-14　Standard curve for the determination of glycyrrhizic acid in rat plasma

3.3.3.9　药-时曲线

大鼠尾静脉注射纳米甘草酸后，于各设计取血点取血，各点测定浓度（*Y*）与时间（*X*）作图，结果如图 3-15 所示。

3.3.3.10　房室模型选择

使用药代软件 3p97 选择房室模型。按照指示输入数据，可得到权重分别为 1、1/*C* 及 1/*C*² 时的一室、二室及三室模型数据，拟合曲线。

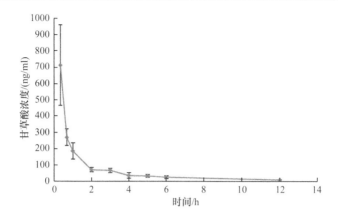

图 3-15 大鼠血浆中甘草酸药-时曲线图

Fig. 3-15 Drug concentration-time curve of glycyrrhizic acid in rat plasma

选择权重：$1/C^2$。根据拟合度 r^2，赤池信息准则（Akaike information criterion，AIC），F 值及加权残差平方和（S_w，WSS），对房室模型进行评价。参见表 3-19。

表 3-19 各房室模型 S_w、r^2 及 AIC 值

Tab. 3-19 S_w，r^2 and AIC of compartmental models

房室模型	S_w	r^2	AIC
一室	1.44	0.9999	7.28
二室	0.15	0.9999	−9.24
三室	0.10	0.9999	−8.37

按照式（3-13）计算 F 计数值

$$F = \frac{S_{w1} - S_{w2}}{S_{w2}} \times \frac{df_2}{df_1 - df_2} \qquad (3\text{-}13)$$

式中，S_w（WSS）为各室模型的加权残差平方和，且 $S_{w1} > S_{w2}$；df 为实验数据点数减去参数 r，参数 r 在一室、二室、三室模型中分别为 2、4、6，且 $df_1 > df_2$。

选择权重系数为 $1/C^2$。首先比较一室和二室模型。按上述公式计算 F 值为 21.9401，查表得 5% 概率的自由度 F 值为 5.79，F 计数值>F 界值，二者差异具有显著性；同时二室模型的 r^2 与一室模型相当，AIC 值小于一室模型，提示二室模型比一室模型更符合实际药动学行为。

然后比较二室与三室模型。按公式计算 F 值为 0.6226，查表得 5% 概率的自由度 F 值为 9.55，F 计数值<F 界值，二者差异不具有显著性；二室模型 AIC 值小于一室，r^2 值相当，但由于 F 值的差异不显著性，根据优先选择简单模型的原则，认为注射用纳米甘草酸的药动学行为符合二室模型。

3.3.3.11 药代动力学参数

3p97 软件计算药代动力学参数,选择权重系数 $1/C^2$,二室开放模型,计算注射用纳米甘草酸的大鼠血浆药代动力学参数,如表 3-20 所示。

表 3-20 注射用纳米甘草酸大鼠药代动力学参数
Tab. 3-20 The pharmacokinetic parameters of nano glycyrrhizic acid for injection

药代动力学参数	单位符号	值
分布相初浓度 A	ng/ml	1364.069±463
消除相初浓度 B	ng/ml	95.199±15.3
分布相速率常数 α	/h	2.699±0.576
消除相速率常数 β	/h	0.221±0.025
分布相半衰期 $t_{1/2}\alpha$	h	0.257
消除相半衰期 $t_{1/2}\beta$	h	3.137
消除速率常数 K10	/h	1.559
周边室→中央室转运速率常数 K21	/h	0.383
中央室→周边室转运速率常数 K12	/h	0.978
药-时曲线下面积 AUC	ng/(ml·h)	936.239
表观分布容积 Vd	L/kg	3.426
清除率 CL	L/h	5.341

3.4 水溶性甘草酸单次给药静脉注射急性毒性试验

3.4.1 实验材料、仪器与动物

3.4.1.1 实验材料与仪器

电子天平　　　　　　　　　　BS200s-WEILmg-210g,德国
Millipore 超纯水系统　　　　美国 Millipore 公司
自动电热压力蒸汽灭菌器　　　LDZX-40BI,上海申安医疗器械厂

3.4.1.2 实验动物

昆明小鼠 82 只,雌雄各半,体重(20±3)g,由哈尔滨医科大学附属肿瘤医院实验动物中心提供。小鼠在温度为(20±4)℃及相对湿度为(50±10)%的环境中饲养,并处以 12h/12h 的光照及黑暗环境循环。在实验前,所有小鼠

在不锈钢铁笼里适应环境 1 周，允许自由进食实验室鼠用食物及自来水。所有操作过程中实验动物均被人道对待。

3.4.2　实验方法

动物急性毒性试验（acute toxicity test，single dose toxicity test）是指动物一次或 24h 内多次给予受试物后，一定时间内所产生的毒性反应。

急性毒性实验的主要实验方法包括如下内容。

1. 近似致死剂量法

近似致死剂量法主要用于非啮齿类动物的急毒研究。

2. 最大给药量法

最大给药量法一般用于低毒受试物的研究。在合理的最大浓度和最大给药量范围内，允许单次或 24h 内多次给予药物，观察毒性反应。

3. 固定剂量法

固定剂量法由英国毒理学会提出，不以死亡为观察终点，而主要观察明显的中毒反应。

4. 上下法（阶梯法、序贯法）

该方法适合于能引起动物快速死亡的药物，最大特点是节省实验动物，同时，不但可以进行毒性表现的观察，还可以估算 LD50 及其可信限。

5. 累积剂量设计法

非啮齿类动物进行急性毒性试验可采用此方法。经典的试验设计需要 8 只动物，分对照组和给药组，每组 4 只动物，雌雄各 2 只。

剂量的设计可以是 1mg/kg、2mg/kg、10mg/kg、30mg/kg、100mg/kg、1000mg/kg、3000mg/kg，也可以采用 10mg/kg、20mg/kg、30mg/kg、40mg/kg、80mg/kg、160mg/kg、320mg/kg、640mg/kg、1280mg/kg，通常隔日给予下一个高剂量，剂量逐渐加大，直到出现动物死亡时达到剂量上限时为止。

当没有动物死亡时，最小致死剂量（MLD）和 LD50 大于最高剂量或限制剂量。当在某一剂量部分动物出现死亡时，MLD 和 LD50 应在最后两个剂量之间。当在某一剂量部分动物出现死亡，部分死亡出现在后继的下一个高剂量，此时，MLD 位于首次出现死亡的剂量和前一低剂量之间，LD50 则应在首次出现动物死亡的剂量之间。假如没有动物死亡发生，常常以最高剂量给予动物 5～7d，以确定后续的重复给药试验中高剂量的选择。

6. 半数致死量法

经典的改进寇氏法，主要用于受试药物 LD50 的测定。需经过预实验确定最高非致死剂量 D_n，即动物的死亡率为 0% 时的剂量；同时确定最低致死剂量 D_m，即动物死亡率均为 100% 时的剂量。随后通过正式实验，观察毒性反应和动物死亡情况，通过统计学方法计算受试药物的 LD50 及其 95% 可信限等。

3.4.2.1　药物配制

注射用甘草酸由本实验室自制（由水溶性粉体制备实验室提供），临用前在无菌条件下用超纯水配制，备用。

3.4.2.2　预实验

选取体重相当（相差不超过 6g）的健康小鼠 12 只，随机分配为 4 组，每组 3 只，给药前空腹过夜，次日按 170mg/kg、297mg/kg、520mg/kg、905mg/kg 剂量静脉注射纳米甘草酸，组间剂量比 1.74∶1，记录给药后 2h 内各组动物的死亡率，以此得出动物的 0% 死亡剂量（D_n）及 100% 死亡剂量（D_m）。

1. 确定组数、计算各组剂量

组数（G）设置为 6 组，各组剂量按等比数列排列，并按照式（3-14）计算公比 r，即正式实验的组间剂量比：

$$r = \sqrt[(G-1)]{D_m - D_n} \qquad (3\text{-}14)$$

式中，G 为组数，D_m 为 100% 死亡剂量，D_n 为 0% 死亡剂量。

按公比求算各组剂量：D_1，D_2，D_3，D_4，……，D_m。其中 $D_1=D_n=$ 最小剂量，$D_2=D_1 \cdot r$，$D_3=D_2 \cdot r$，……，$D_m=D_{n-1} \cdot r$。

2. 配制等比稀释溶液

各小鼠给药体积一样，按 0.1～0.2ml/10g 计（参见附录1），并按式（3-15）计算浓度：

$$C_0 = \frac{D_m}{\text{等容注射量}} \qquad (3\text{-}15)$$

式中，C_0 表示母液浓度，D_m 表示 100% 死亡剂量。

3.4.2.3　正式实验

选取体重相当（相差不超过 6g）的健康小鼠 70 只，随机分配为 7 组，每组 10 只，雌雄各半，给药前空腹过夜，次日按 170mg/kg、213mg/kg、266mg/kg、333mg/kg、416mg/kg、520mg/kg 剂量静脉注射注射用纳米甘草酸，给予第 7 组实验动物相同剂量溶剂（去离子水）以监测空白干扰。给药结束后观察并且记录动物反应、死亡情况。同时按照式（3-16）、式（3-18）计算 LD50，按照式（3-16）、式（3-19）、式（3-20）计算 95%可信限，按式（3-16）、式（3-17）计算标准误：

$$系数 a = \sum \left[\frac{1}{2} \left(X_i + X_{i+1} \right) \left(P_{i+1} - P_1 \right) \right] \tag{3-16}$$

式中，X_i 和 X_{i+1} 为相邻两剂量组的剂量对数；P_i 和 P_{i+1} 为相邻两组的死亡率。

$$标准误 S_{x50} = \left(X_{i+1} - X_i \right) \times \sqrt{\left[\left(\sum P_i - \sum P_i^2 \right) \div n \right]} \tag{3-17}$$

式中，n=各组动物数；$\sum P_i$=各组死亡率总和；$\sum P_i^2$=各组死亡率平方的总和。

$$LD50 = 10^a \tag{3-18}$$

式中，LD50 为半数致死剂量。

$$LD50 的 95\% 可信下限 = 10^{(a - 1.96 \times S_{x50})} \tag{3-19}$$

$$LD50 的 95\% 可信上限 = 10^{(a + 1.96 \times S_{x50})} \tag{3-20}$$

3.4.2.4　小鼠行为学观察

通常，急性毒性试验的给药途径应至少包括临床拟用途径及一种能使药物较完全进入循环的途径（如静脉注射）。如果临床拟用静脉给药，则急毒试验仅进行静脉给药即可。给药后，连续观察至少 14d，观察的指标包括一般指标、动物死亡情况、动物体重变化等。对于所有的试验动物均应进行尸体解剖。任何器官出现体积、颜色、纹理改变时，均应记录并进行组织病理学检查，应注重详细描述毒性的主要表现、毒性反应出现的时间和恢复的时间、死亡率、大体解剖检查和/或组织病理学检查结果。

3.4.3　结果与讨论

3.4.3.1　预实验

预实验是用较小的样本数估算动物急性毒性的 0%死亡剂量（D_n）及 100%死亡剂量（D_m）。改进寇氏法测定注射用纳米甘草酸的小鼠单次给药静脉注射急性毒性的预实验数据如表 3-21 所示。

表 3-21　改进寇氏法预实验结果

Tab. 3-21　Preliminary experimental results of improved Karber method

组别	剂量/（mg/kg）	样本数	死亡数	死亡率/%
1	170	3	0	1
2	297	3	1	33
3	520	3	3	100
4	905	3	3	100

由表可知，在 170mg/kg 时动物的死亡率为 0%，即为 D_n；而在 520mg/kg 和 905mg/kg 时动物死亡率均为 100%。舍去较大剂量组 905mg/kg，认为动物的 100%死亡剂量 D_m 为 520mg/kg。

3.4.3.2　正式实验

正式实验是通过一定样本量的受试对象估算较准确的受试物 LD50 等急性毒性数据。改进寇氏法测定注射用纳米甘草酸的小鼠单次给药静脉注射急性毒性的正式实验数据如表 3-22 所示。

表 3-22　改进寇氏法正式实验结果

Tab. 3-22　Experimental results of improved Karber method

组别	剂量/（mg/kg）	样本数	死亡数	死亡率/%
1	170	10	0	0
2	213	10	1	10
3	266	10	2	20
4	333	10	4	40
5	416	10	7	70
6	520	10	10	100

由表可知，给药剂量 170mg/kg、213mg/kg、266mg/kg、333mg/kg、416mg/kg、520mg/kg 时，小鼠的死亡率分别为 0%、10%、20%、40%、70%及 100%。通过式（3-16）至式（3-20）可得，注射用纳米甘草酸的小鼠单次给药静脉注射 LD50=340.28mg/kg，LD50 的 95%平均可信限为 302.73～382.49mg/kg，标准误为 0.025 64。

3.4.3.3　小鼠行为观察

在同时监测的空白组中未出现死亡情况，且小鼠活动正常，未监测到异常情况。

第 5、第 6 组的小鼠多数在注射后的 1min 内死亡，表现为强直性抽搐、尿失禁、角弓反张，提示小鼠呼吸衰竭，中枢神经系统、神经肌肉及自主神经受到影响。

第 4 组小鼠的中毒表现为唾液分泌过多、尿失禁，以及震颤，提示小鼠呼吸衰竭，中枢神经系统、神经肌肉及自主神经受到影响。

第 3 组及第 2 组小鼠有震颤、唾液分泌过多的表现，提示小鼠中枢神经系统、自主神经、神经肌肉可能受到一定程度的影响；其中第 2 组小鼠死亡 1 只，注射后约 3min 死亡，表现为震颤、异常运动，并伴随惊跳反射，同样提示小鼠的神经中枢系统、神经肌肉及自主神经、感官可能受到一定的影响。

对死亡小鼠进行大体解剖，未发现明显器质性病变。

对小鼠连续观察 14d，未发现后续死亡情况。小鼠行为正常，进食正常。

3.5　本　章　小　结

（1）肝损伤的起因是肝脏的功能受到一定程度的损害，使其解毒、排泄等功能受到影响，代谢负荷加重，内环境紊乱，从而造成肝损伤。临床上，肝损伤是常见的威胁人类健康的疾病，其病理因素涉及广泛，包括病毒、药物、化学因素等。甘草酸具有很好的保肝活性，但是其在水中的溶解度差，虽然溶于热水，但冷却后呈凝胶状沉淀析出，导致吸收缓慢，一定程度上影响了其应用。粒径改造可以有效地提高药物溶解性。

注射用纳米甘草酸组与甘草酸单铵组相比，血清中 ALP、ALT 及 AST 活性分别降低 29.68%、5.15% 和 3.97%；肝脏指数降低 3.42%，肝组织 Hyp 降低 15.67%，SOD 升高 15.70%，GSH-Px 升高 6.56%。两个实验组分别与对照组和模型组相比，各项生化指标均具有差异显著性（$P<0.05$，$P<0.01$）。HE 染色光镜检查结果表明，纳甘组肝组织变性明显减轻，可缓解肝组织病变过程。本实验结果表明，注射用纳米甘草酸对 CCl_4 导致的大鼠慢性肝毒性的治疗效果优于现有注射剂中的主要有效成分甘草酸单铵，原因可能为：直径 10～1000nm 的纳米球经静脉注射给药后，主要被单核-巨噬细胞系统摄取，而该系统的分布具有特异性，导致纳米球主要分布于肝（60%～90%），其次分布于脾（2%～10%）、肺（3%～10%）中，少量进入骨髓，因此经过粒径改造的甘草酸［直径（100±30）nm］被单核-吞噬细胞系统摄取，被动靶向作用于肝脏；与此同时，在病变部位的血管壁间隙增大，通透性改变，而且淋巴系统的回流不完善，使得纳米粒径的药物在该部位特异聚集，形成增强渗透滞留效应（EPR 效应），从而改善了原有的治疗效果。

注射剂没有首过效应，并且具有较高的生物利用度，已经逐渐成为常用给药方式。2005 年美国食品药品管理局（FDA）批准了纳米注射新药 Abraxane®（直径 130nm）上市，开创了纳米药物实际应用的先河。与传统方法相比，超临界反溶剂法制备甘草酸纳米粒具有产物粒径小、分布均匀、水溶性好，且制备过程对环境友好等优点，有望成为纳米制药的常用方法之一。

（2）建立了一种可靠的 LC-MS/MS 检测大鼠血浆甘草酸的方法。色谱条件：色谱柱为 Agilent Eclipse XDB-C18 柱（150mm×4.6mm i.d.，5μm）；流动相为 0.1%甲酸水溶液：甲醇（V：V=1：9），柱温常温，流速 1ml/min（质谱前分流），进样量 10μl。质谱条件：ESI 离子源，MRM 负离子扫描方式，离子源喷雾电压 –4500V；离子源雾化温度 300℃；雾化气 12psi；气帘气 10psi。甘草酸 m/z 821.8→351.3，DP–150V，CE–60V，CXP–5V；绿原酸 m/z 353.0→191.0，DP–130V，CE–27V，CXP–5V。

在上述检测方法中，肝素钠抗凝大鼠空白血浆中甘草酸干扰较小，内标绿原酸无干扰，专属性良好；被测化合物甘草酸及内标绿原酸平均回收率分别为 85.02%和 81.84%，基质效应因子分别为 98.95%和 94.32%；标准曲线及质控品的批间精密度的相对标准误差在 15%以内，准确度在±15%以内；质控品批内精密度在 15%以内，相对误差±15%；LLOQ 平行样品测定值 RSD 为 12.83%，相对误差–12.05%；稳定性考察说明萃取后质控品在 2～8℃放置 48h、实验台室温放置 8h，以及 1～3 次冻融时样品稳定。方法学确证的数据表明，在 5～10 000ng/ml 时测定肝素钠抗凝大鼠血浆中甘草酸的检测方法准确度可靠，精密度高，方法专属性好，稳定性强，认为该方法准确可靠。

注射用纳米甘草酸相关药代动力学参数如下：分布相初浓度 A 为（1364.069±463）ng/ml，消除相初浓度 B 为（95.199±15.3）ng/ml，分布相速率常数 α 为（2.699±0.576）/h，消除相速率常数 β 为（0.221±0.025）/h，分布相半衰期 $t_{1/2}\alpha$ 为 0.257h，消除相半衰期 $t_{1/2}\beta$ 为 3.137h，消除速率常数 K10 为 1.559/h，周边室→中央室转运速率常数 K21 为 0.383/h，中央室→周边室转运速率常数 K12 为 0.978/h，药-时曲线下面积 AUC 为 936.239ng/（ml·h），表观分布容积 Vd 为 3.426L/kg，清除率 CL 为 5.341L/h。

注射用纳米甘草酸代谢行为符合二室模型。消除半衰期是药物量减少一半所需的时间，其中消除相半衰期 $t_{1/2}\beta$<1h 为超快速消除；1～4h 为快速消除；4～8h 为中速消除；8～24h 为慢速消除；大于 24h 时为超慢速消除。注射用纳米甘草酸的 $t_{1/2}\beta$ 为 3.137h，表示药物在体内快速消除。

（3）甘草酸的纳米化制剂实质是一种纳米混悬制剂。纳米粒在体内的代谢过程有别于正常粒径的药物，其吸收、分布、代谢、排泄均具有自己的特点，因而对于纳米甘草酸的急性毒性研究具有重要的意义。本章采用改进寇氏法对注射用纳米甘草酸的小鼠静脉注射急性毒性进行了研究，研究结果表明：小鼠 LD50 为 340.28mg/kg，LD50 的 95%平均可信限为 302.73～382.49mg/kg，标准误 0.025 64。

对小鼠行为观察结果显示，纳米甘草酸制剂可导致强直性抽搐、尿失禁、角弓反张、唾液分泌过多、震颤、异常运动、惊跳反射等小鼠行为改变，提示纳米甘草酸制剂可能对于小鼠的中枢神经系统（CNS）、神经肌肉、自主神经、感官等有一定程度的影响。并可能通过对自主神经的影响，间接地影响小鼠的呼吸系统，导致呼吸衰竭的情况发生。对死亡小鼠的大体解剖未见明显器质性病变。对于上述影响的具体机制及原因有待进一步研究。

第4章 水溶性甘草次酸

4.1 甘草次酸简介

4.1.1 甘草次酸的理化性质

甘草次酸（glycyrrhetinic acid），别名甘草亭酸，分子式为 $C_{30}H_{46}O_4$，相对分子质量为 470.64，熔点 288～291℃，白色结晶性粉末，无嗅，无味，易溶于吡啶，在乙醇或氯仿中也能溶解，在汽油或乙醚中微溶，在水中不溶。甘草次酸结构式（一般 18H 为β型）如图 4-1 所示。

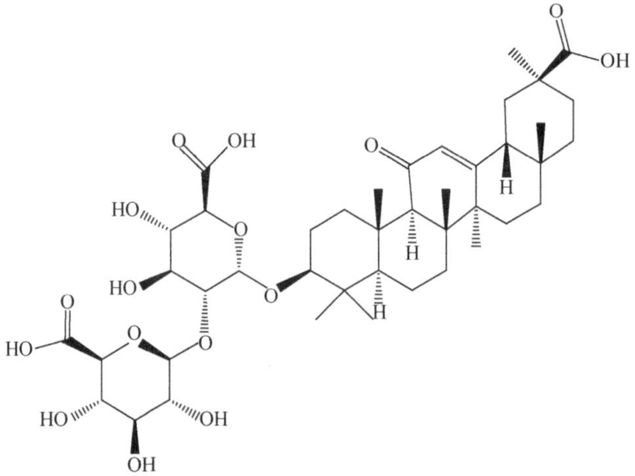

图 4-1　甘草次酸结构式
Fig. 4-1　Structure of glycyrrhetinic acid

4.1.2 甘草次酸的生物活性

甘草酸类药物在人体内的代谢过程已比较清楚：此类药物经胃酸水解或经肝中β-葡萄糖醛酸酶分解为甘草次酸，再在肝肠循环中经肠内菌作用部分生成 3-表-甘草次酸及少量 3-脱氢甘草次酸而发生药物活性。故甘草酸类药物的作用实质上是甘草次酸发挥的效用。研究发现，甘草次酸具有多种临床作用。

1. 抗炎抗菌作用

对甘草次酸的研究证明，甘草次酸具有显著的抗炎作用，对多种类型炎症都有较好的抑制作用，如对皮炎、毛囊炎和脓疱病等急慢性皮肤病和食道炎等的治疗作用。近年来，不少会议还就甘草次酸对急慢性肝炎治疗的显著效果进行了深入探讨，日本米诺发源制药株式会社已将甘草酸、甘草酸单铵等开发为上市药物美能片剂和注射液，用来治疗慢性肝炎等疾病。Ohtsuki 等（1998）则对甘草次酸抗炎机制进行了研究，发现甘草次酸可以抑制磷脂酶 A_2 和脂加氧酶的活性，使其不能与花生四烯酸发生级联反应，从而减少某些炎性介质（前列腺素、白三烯等）的产生，使前列腺素无法正常合成和释放，表现为抗炎效应。此外，甘草次酸还有明显的抗菌作用，Krausse 等进行的体外试验表明，甘草次酸对幽门螺杆菌有明显的抑制效果，抑菌迅速，最小抑菌浓度低至50mg/L。

2. 抗肿瘤作用

甘草次酸可直接有效地抑制多种肿瘤细胞的生长和增殖，如对人类肝癌、胃癌、肺癌、乳腺癌、直肠癌、黑色素瘤等多种肿瘤细胞均能产生不同程度的拮抗作用；同时对癌细胞的转移也有一定的抑制作用。

3. 抗氧化作用

甘草次酸有显著的抗氧化作用，主要表现在甘草次酸对自由基的清除能力，He 等（2001）的研究发现，甘草次酸对超氧阴离子等自由基均有很强的清除能力，且其清除能力与浓度呈正相关关系，这也为寻找天然高效的自由基清除剂提供了依据。

4. 肾上腺皮质激素样作用

甘草次酸有促进水钠潴留和增强排钾等作用，类似肾上腺盐皮质激素样作用。据文献记载，给大鼠静脉注射 25mg 的甘草次酸能明显引起水钠潴留，其作用结果稍强于 1mg 的去氧皮质酮乙酸酯。

5. 其他药用活性

甘草次酸还具有一定的抗缺氧、镇痛和抗溃疡等作用，表明了甘草次酸广泛的药理作用及其广阔的开发应用前景。

4.2 水溶性甘草次酸对 CCl₄ 致大鼠慢性肝损伤的保护作用

4.2.1 实验材料、仪器与动物

4.2.1.1 实验材料与仪器

纳米甘草次酸冻干粉	由东北林业大学森林植物生态学教育部重点实验室提供，每克含甘草次酸 100mg
四氯化碳分析纯	中国天津进丰化工公司
大豆油	购自山东鲁花集团有限公司
复方甘草酸苷片	购自日本米诺发源制药株式会社
美能注射液	购自日本美能发源制药公司
电子天平	BS200s-WEILmg-210g，德国
FSH-Ⅱ型高速电动匀浆机	江苏金坛市环宇科学仪器厂
扫描电子显微镜	MX2600FE，英国 CamScan 公司
高效液相色谱仪	1525，Waters 公司
半自动生化分析仪	GF-D300，山东高密彩虹分析仪器有限公司
Millipore 超纯水系统	美国 Millipore 公司
检测用试剂盒	均购自南京建成生物工程公司

4.2.1.2 实验动物

Wistar 大鼠 60 只，体重（200±20）g，雌雄各半，由哈尔滨医科大学附属肿瘤医院实验动物中心提供。大鼠在温度为（22±2）℃及相对湿度为（50±5）%的环境中饲养，并处以 12h/12h 的光照及黑暗环境循环。实验前，所有大鼠均适应环境 1 周，实验期间每天观察动物外观、体征、行为活动等，每周记录体重 2 次，自由进食和饮水。

4.2.2 实验方法

4.2.2.1 动物分组与造模

60 只大鼠随机被分为 6 组，每组 10 只，分别为甘草次酸冻干粉口服组、甘草次酸冻干粉注射组、口服阳性对照组、注射阳性对照组、模型对照组和正常对照组。除正常对照组外，其余各组口服给药 50% CCl₄-大豆油溶液 1ml/kg，每周 2 次，制备慢性肝损伤大鼠模型；并定期取大鼠血样，检测 AST 和 ALT 含量，判定肝损伤模型的造成与否。

4.2.2.2　药物剂量的设定

给药剂量的设计以市售美能注射液的给药剂量作为参考，并与复方甘草酸苷片和甘草次酸冻干粉的使用剂量进行了等量换算。

美能注射液（每支 20ml）含甘草酸单铵盐 53mg，并含有一定辅料，慢性肝病的用量为：成人 1 日 1 次，40～60ml 静脉注射或者点滴可依年龄、症状适当增减，增量时用药剂量限度为 100ml/d。

按照慢性肝病最大剂量用药，应为 100ml。其中甘草酸单铵总量（53mg÷20ml）×100ml=265mg，按成人体重 70kg 计算，则人的临床剂量为 265mg÷70kg=3.79mg/kg。

查剂量换算表：大鼠剂量=6.3×X mg/kg，其中 X 为人的临床剂量，则大鼠剂量=6.3×3.79mg/kg=23.85mg/kg。

换算为摩尔数（以甘草酸单铵盐计），即 n=0.023 85÷839.97=2.8×10^{-5}mol/kg（由于计算过程中有四舍五入过程，因此给药剂量稍有差异），所以本文采用 2.8×10^{-5}mol/（kg·d）的给药剂量。

具体给药剂量如下。

美能注射组（注射阳性对照）：按照慢性肝病最大用药剂量 100ml/（kg·d）计算，成人体重 70kg 的临床剂量为 100ml÷70kg，则大鼠用药剂量=6.3×（100ml÷70kg）=9ml/kg。

美能片剂组（口服阳性对照）：每片含甘草酸单铵盐 35mg，按大鼠剂量 23.85mg/kg 计算，大鼠用药剂量为 23.85mg/kg 除以每片甘草酸单铵盐含量 35mg，然后乘以每片的质量（250mg/片），即 170mg/kg。

甘草次酸冻干粉给药剂量按照摩尔数（甘草酸：甘草次酸=1∶1）的方式计算，则给药剂量为 2.8×10^{-5}mol/(kg·d)，乘以甘草次酸的相对分子质量 470.69，除以甘草次酸冻干粉中甘草次酸 10%的含量，即得 131.8mg/（kg·d）。

4.2.2.3　药物干预

根据每周 2 次的抽样分析，肝损伤模型于第 9 周末造成，从第 10 周开始每天对实验大鼠给药，口服组通过灌胃的方式，注射组以尾静脉注射的方式，给药剂量按照 4.2.2.2 中计算值为准；模型组及正常对照组大鼠灌服相同体积的去离子水，持续 4 周。

4.2.2.4　血清和肝脏组织样品的制备

末次给药 13h 后,采集血清和肝脏标本待测。采用大鼠眼眶后静脉丛取血,收集血液于 Ependroff 管中,将各血液样品静置 2h 后,离心 20min(3000r/min),吸取上层血清备用。取血后的大鼠以过量乙醚麻醉致死,迅速解剖大鼠,剥离肝脏,并用生理盐水漂洗,除去血液,滤纸拭干。准确称量肝脏质量,计算肝脏指数=(肝脏质量÷大鼠质量)×100%。切取肝组织块 0.2~1g,加入组织质量 9 倍的 0.86%的生理盐水,以高速电动匀浆机将组织磨碎,使组织匀浆化。将制备好的 10%匀浆用低温离心机以 4℃、3000r/min 离心 15min,取上清液备用。

4.2.2.5　对肝损伤大鼠血清 AST、ALT 和 ALP 的测定

1. 血清中谷草转氨酶(AST)的测定(赖氏法)

作为天门冬氨酸和 α-酮戊二酸反应的活化剂,在 37℃的条件下,谷草转氨酶能使两者充分地交换酮基和氨基,生成草酰乙酸和谷氨酸。在上面的反应过程中草酰乙酸又可自行脱去羧基,变成丙酮酸,而丙酮酸与基质液(2,4-二硝基苯肼)反应可产生 2,4-二硝基苯腙。2,4-二硝基苯腙在碱性环境中会表现出红棕色,由此可以通过生化分析仪对各反应组进行比色测定,再通过标准曲线拟合公式求出谷草转氨酶的活力值。具体操作步骤如表 4-1 所示。

表 4-1　AST 测定试剂盒操作步骤
Tab. 4-1　AST determination kit steps

项目	测定管	对照管
血清样本/ml	0.1	—
基质液(37℃预热 5min)/ml	0.5	0.5
混匀后,37℃水浴加热 30min		
2,4-二硝基苯肼液/ml	0.5	0.5
血清样本/ml	—	0.1
混匀后,37℃水浴加热 20min		
0.4mol/L 氢氧化钠液/ml	5	5

以上步骤进行完毕,将各样本的测定管和对照管在室温的条件下静置 10min,在波长 505nm、光径 1cm、超纯水调零的条件下,测定各样本的绝对 OD 值(即测定管的 OD 值减去对照管 OD 值),根据标准曲线拟合公式求出谷草转氨酶的活力值。

2. 血清中谷丙转氨酶（ALT）的测定（赖氏法）

在温度为 37℃和 pH 为 7.4 时，血清样品中的谷丙转氨酶（ALT）可与分散在基质液中的 α-酮戊二酸发生反应，生成谷氨酸和丙酮酸。保持以上反应在半小时左右，然后在其液中加入终止剂——2,4-二硝基苯肼的盐酸溶液，使反应停止，而 2,4-二硝基苯肼易与羰基结合，这就使得丙酮与 2,4-二硝基苯肼反应得到丙酮酸苯腙，该物质在碱性环境中表现为红棕色，由此可以通过生化分析仪对各反应组进行比色测定，再通过标准曲线拟合公式求出谷丙转氨酶的活力值。具体操作步骤如表 4-2 所示。

表 4-2　ALT 测定试剂盒操作步骤
Tab. 4-2　ALT determination kit steps

项目	测定管	对照管
血清样本/ml	0.1	—
基质液（37℃预热 5min）/ml	0.5	0.5
混匀后，37℃水浴加热 30min		
2,4-二硝基苯肼液/ml	0.5	0.5
血清样本/ml	—	0.1
混匀后，37℃水浴加热 20min		
0.4mol/L 氢氧化钠液/ml	5	5

以上步骤进行完毕，将各样本的测定管和对照管在室温的条件下静置 5min，在波长 505nm、光径 1cm、超纯水调零的条件下，测定各样本的绝对 OD 值（即测定管的 OD 值减去对照管 OD 值），根据标准曲线拟合公式求出谷丙转氨酶的活力值。

3. 血清中碱性磷酸酶（ALP）的测定

碱性磷酸酶可将磷酸苯二钠分解，产生游离酚和磷酸，酚在碱性环境中与 4-氨基安替吡啉作用经铁氰化钾氧化生成红色醌衍生物，根据红色深浅可以测定酶活力的高低。具体操作步骤如表 4-3 所示。

立刻混匀，在波长 520nm、光径 1cm、超纯水调零的条件下，测定各管 OD 值，按式（4-1）计算 ALP 活性：

$$碱性磷酸酶 = \frac{测定管 OD 值}{标准管 OD 值} \times 标准管含酚量（0.005mg）\times \frac{100ml}{0.05ml} \tag{4-1}$$

表 4-3　ALP 测定试剂盒操作步骤

Tab. 4-3　ALP determination kit steps

项目	测定管	标准管	空白管
血清/ml	0.05	—	—
0.1mg/ml 标准应用液/ml	—	0.05	—
超纯水/ml	—	—	0.05
缓冲液/ml	0.5	0.5	0.5
基质液/ml	0.5	0.5	0.5
充分混匀，37℃水浴 15min			
显色剂/ml	1.5	1.5	1.5

4.2.2.6　抗氧化物酶和脂质过氧化产物的测定

1. 超氧化物歧化酶（SOD）活力测定

黄嘌呤与其氧化酶反应，可生成超氧阴离子自由基，而超氧阴离子自由基又可将羟胺氧化为亚硝酸盐。当亚硝酸盐与显色剂共存时，便表现出紫红色。而 4.2.2.4 制备的肝匀浆上清液中有不同含量的超氧化物歧化酶，可对超氧阴离子自由基产生抑制作用，间接地减少亚硝酸盐的生成，在颜色显示上表现出不同，据此，可以通过生化分析仪对各反应组进行比色测定，按式（4-2）求出超氧化物歧化酶的活力。

$$蛋白质浓度(g/L) = \frac{测定管OD值 - 空白管OD值}{标准管OD值 - 空白管OD值} \times 标准管浓度(0.563g/L) \quad （4-2）$$

2. 谷胱甘肽过氧化物酶（GSH-Px）活性测定

谷胱甘肽过氧化物酶广泛地存在于机体中，并且它能催化还原型谷胱甘肽与过氧化氢反应，生成 H_2O 和氧化型谷胱甘肽，从而防止过氧化氢对细胞膜等结构的损伤。谷胱甘肽是一种三肽巯基化合物，而巯基化合物与二硫代二硝基苯甲酸反应时能产生 5-硫代二硝基苯甲酸阴离子，后者表现为黄色，通过生化分析仪对波长 412nm 处的 OD 值进行测定，可得出 GSH-Px 的活力。

3. 过氧化氢酶（CAT）含量的测定

过氧化氢可与钼酸铵在酸性条件下发生反应，生成稳定的过氧钼酸化合物，后者为一种淡黄色物质，在波长 405nm 处有最大峰。具体操作步骤如表 4-4 所示。

表 4-4　CAT 测定试剂盒操作步骤

Tab. 4-4　CAT determination kit steps

项目	对照管	测定管
肝匀浆/ml	—	0.05
试剂 1（37℃预热）/ml	1.0	1.0
试剂 2（37℃预热）/ml	0.1	0.1
混匀，37℃准确反应 1min		
试剂 3/ml	1.0	1.0
试剂 4/ml	0.1	0.1
肝匀浆/ml	0.05	—

肝匀浆以 4.2.2.4 中制备的为实验材料。将各管混匀，在波长 405nm、光径 0.5cm、超纯水调零的条件下，测定各管 OD 值，按式（4-3）计算 CAT 活性（U/mg 蛋白质）：

$$组织匀浆蛋白质活力 = \frac{对照管OD值 - 测定管OD值}{待测样本匀浆蛋白质浓度(mg 蛋白质/ml)} \times 271 \times \frac{取样量}{60} \quad (4-3)$$

4. 丙二醛（malondialdehyde，MDA）含量测定

脂质过氧化物中的 MDA 可与硫代巴比妥酸发生缩合反应，形成红色产物，该产物在波长 532nm 处有最大峰值，据此，可以对机体丙二醛的含量进行测定。

4.2.2.7　组织中羟脯氨酸（Hyp）含量测定

准确称取湿重 0.1g 的大鼠肝组织，按质量体积比（肝组织质量：生理盐水体积=1g：9ml），将肝组织剪成小块后加入生理盐水中，并用匀浆机充分匀浆制备成 10%的肝匀浆，不离心。具体操作步骤如表 4-5 所示。

表 4-5　Hyp 测定试剂盒操作步骤

Tab. 4-5　Hyp determination kit steps

项目	空白管	标准管	测定管
超纯水/ml	0.25	—	—
5μg/ml 标准应用液/ml	—	0.25	—
肝组织样本/ml	—	—	0.25
消化液/ml	0.05	0.05	0.05
混匀，37℃水浴 3h			
试剂 1/ml	0.5	0.5	0.5
混匀，室温静置 10min			
试剂 2/ml	0.5	0.5	0.5
混匀，室温静置 5min			
试剂 3/ml	1.0	1.0	1.0

将各管混匀，保持 60℃水浴 15min，冰水冷却后 3500r/min 离心 10min，取上清液，在波长 550nm、光径 1cm、超纯水调零的条件下，测定各管 OD 值，并按式（4-4）计算 Hyp 含量。

$$\text{羟脯氨酸含量} = \frac{\text{测定管OD值} - \text{空白管OD值}}{\text{标准管OD值} - \text{空白管OD值}} \times 5\mu g/ml \div \frac{\text{样本称重}(g)}{\text{所加匀浆介质}(ml)} \qquad (4-4)$$

4.2.2.8　肝损伤大鼠肝组织病理切片的制作和观察

切取大鼠肝脏右叶 2cm×2cm×3cm 的组织块，置于 10%甲醛中性缓冲液中保存，石蜡包埋，切片，脱蜡，作常规 HE 染色，显微镜下观察结果，并按照以下标准进行评分：1 分（−）为肝小叶结构完整，肝细胞排列整齐，无异常；2 分（+）为肝细胞局部变性、轻微纤维化、灶状坏死，偶见炎细胞浸润；3 分（++）为肝细胞弥漫性变性、坏死、纤维化、局限性坏死，肝小叶结构改变，有较多炎细胞浸润；4 分（+++）为肝细胞弥漫性变性、坏死、纤维化较重，肝小叶结构严重破坏，炎细胞浸润明显。

4.2.2.9　数据处理

实验数据采用 $\bar{x} \pm s$ 表示，组间差异性 t 检验，半定量标准判断采用等级秩和检验。

4.2.3　结果与讨论

4.2.3.1　甘草次酸冻干粉对肝损伤大鼠体重和肝脏系数的影响

实验期间各组大鼠体重增长情况如表 4-6 所示，正常对照组最快，体重增量达到 170.9g；其次是甘草次酸冻干粉口服组，但甘草次酸冻干粉口服组与注射组及口服阳性对照组，三者之间差异不大，在体重方面，可认为无差别。阳性对照注射组大鼠的体重增量较小，考虑到美能注射液中的有效成分主要是甘草甜素和甘草酸单铵盐，而这些物质需要在一定条件下（如在胃肠道内）转化为甘草次酸，从而在机体内发挥药效，本实验直接采用了静脉注射，药物可能在血液中并未完全转化和利用。大鼠肝脏异常增大，主要表现在肝脏指数增大，因此肝脏指数可以在一定程度上反映肝脏的损伤情况。由表可知，模型组和美能注射组肝脏系数远远超过正常组，而除去正常组和模型组以外的 4 个治疗组大鼠肝脏系数相差不大，但与正常组比较可以推测，4 个治疗组大鼠肝脏均受到一定损伤，引起肝脏炎症，质量增加。在 4 个治疗组中，次酸口服组大鼠肝脏指数最小，一定程度上体现了药物的治疗作用。结果见表 4-6。

表 4-6　各组大鼠体重、肝重和肝脏指数测定结果（$\bar{x} \pm s$，n=10）

Tab. 4-6　Rat body weight，liver weight and liver coefficient determination results
（$\bar{x} \pm s$，n=10）

组别	剂量	初始体重/g	终末体重/g	体重增量/g	肝重/g	肝脏指数/%
模型	—	193.3±7.6	270.0±11.5	76.7±3.9$^{\triangle\triangle}$	12.9±0.7	4.8$^{\triangle\triangle}$
正常对照	—	203.6±9.4	374.5±26.9	170.9±17.5**	10.5±0.2	2.8
次酸口服	131.8mg/kg	201.1±14.8	353.2±32.0	152.1±17.2**	12.4±0.6	3.5*
次酸注射	131.8mg/kg	211.9±15.3	354.0±19.6	142.1±4.3**	12.7±0.5	3.6*
美能口服	170mg/kg	197.7±12.4	343.4±15.2	145.7±2.8**	12.7±0.5	3.7$^{\triangle\triangle}$
美能注射	9ml/kg	200.5±18.1	309.5±23.0	109.0±4.9*	12.4±0.7	4.0**

注：与模型组比较，*P<0.05；**P<0.01；与正常对照组比较，$^{\triangle\triangle}P$<0.01（本章下同）

4.2.3.2　对肝损伤大鼠生理生化指标的影响

1. 对肝损伤大鼠血清 ALT、AST 和 ALP 的影响

结果表明，给大鼠长期灌服 CCl₄ 可引起较严重的慢性肝损伤，主要表现在血清中 AST 和 ALT 等指标的明显升高。由表 4-7 可知，与正常对照组相比，模型组大鼠血清中 AST、ALT 和 ALP 含量明显升高，特别是 AST 和 ALT 的含量，分别高出正常组约 20 倍和 10 倍，显示了大鼠肝损伤的严重程度。就血清中 AST 和 ALT 含量水平来看，纳米口服和注射组的治疗表现要明显好于所选的 2 种阳性对照，ALP 的含量则变化较小。2 种阳性对照组比较，除在 AST 含量上差别较大外，其他基本无差异，提示 2 种市售药物的治疗作用较好。结果见表 4-7。

表 4-7　大鼠血清中 ALT、AST 和 ALP 含量（$\bar{x} \pm s$，n=10）

Tab. 4-7　ALT，AST and ALP content in rat serum（$\bar{x} \pm s$，n=10）

组别	剂量	AST/（U/L）	ALT/（U/L）	ALP/（U/L）
模型	—	684.2±95.1$^{\triangle\triangle}$	153.0±12.8$^{\triangle\triangle}$	189.1±7.7$^{\triangle\triangle}$
正常对照	—	29.0±4.5	16.6±1.1	88.3±11.3
次酸口服	131.8mg/kg	224.0±36.6**	63.3±7.3**	141.2±9.6
次酸注射	131.8mg/kg	280.7±37.2**	61.2±2.6**	151.6±8.1
美能口服	170mg/kg	365.1±32.3**	100.9±13.0**	187.5±23.4
美能注射	9ml/kg	501.8±47.2**	76.1±7.1**	175.9±10.2

2. 对慢性肝损伤大鼠脂质过氧化物（SOD、MDA 和 GSH-Px）的影响

除正常对照组外，各组大鼠肝组织中的 SOD 和 GSH 水平较模型组均有不同程度的提高，MDA 水平则相应降低。4 个治疗组在 GSH 含量的表现上差别不大，介于 1500~1800U/mg 蛋白质，与模型组 862.1U/mg 蛋白质相比，差异性显著。次酸口服组和次酸注射组的 SOD 活力明显高于美能口服组和美能注射组，提示甘草次酸有较强的抗氧化及清除氧自由基的作用。MDA 含量可以间接地反映出机体内过氧化脂质降解产物的含量，根据表 4-8 的数据可以清晰地看到，次酸口服组的治疗效果显著，MDA 含量较正常组仅仅高出一倍，其次为次酸注射组，2 个阳性对照组也体现出有效的治疗作用，且二者差别不大。结果见表 4-8。

表 4-8 大鼠肝组织中 SOD、GSH 和 MDA 活性（$\bar{x} \pm s$，n=10）

Tab. 4-8 SOD，GSH and MDA activity in rat liver tissue（$\bar{x} \pm s$，n=10）

组别	剂量	SOD/ （U/mg 蛋白质）	GSH/ （U/mg 蛋白质）	MDA/ （nmol/mg 蛋白质）
模型	—	163.9±19.4	862.1±79.4	18.9±1.0
正常对照	—	356.1±18.6*	2022.1±165.3*	2.7±0.2*
次酸口服	131.8mg/kg	306.7±35.2△△	1524.9±254.2△△	5.7±1.3△△
次酸注射	131.8mg/kg	290.5±25.8*	1632.0±381.2*	7.8±1.6*
美能口服	170mg/kg	204.5±10.7*	1646.6±207.9*	11.8±2.7*
美能注射	9ml/kg	217.8±20.8*	1701.8±338.4*	12.2±1.9*

3. 对肝组织中 CAT 和 Hyp 含量的影响

肝脏 Hyp 活力是反映大鼠肝损伤程度的一个重要指标，根据表 4-9 中数据可以清晰地看到，除美能注射组外的 3 个治疗组数据非常接近，含量最小的为次酸注射组，其次为次酸口服组，然后是 2 个阳性对照。与 Hyp 相比，CAT 在甘草次酸冻干粉治疗组的效果要明显好于阳性对照，而且从模型组与阳性对照组数据来看，肝脏恢复程度较差。结果见表 4-9。

表 4-9 大鼠肝组织中 CAT 和 Hyp 活力（$\bar{x} \pm s$，n=10）

Tab. 4-9 CAT and Hyp activity in rat liver tissue（$\bar{x} \pm s$，n=10）

组别	剂量	CAT/（U/mg 蛋白质）	Hyp/（μg/g）
模型	—	41.2±9.6	61.7±19.8
正常对照	—	127.1±14.2*	23.6±2.2*
次酸口服	131.8mg/kg	71.8±18.1△△	41.7±5.2*
次酸注射	131.8mg/kg	77.2±12.0*	38.9±10.5△△
美能口服	170mg/kg	56.6±11.4*	44.4±11.8*
美能注射	9ml/kg	53.9±4.9*	49.8±13.9*

4.2.3.3　对慢性肝损伤大鼠肝组织病理学的影响

各实验组大鼠的肝组织病理切片结果如图4-2所示。

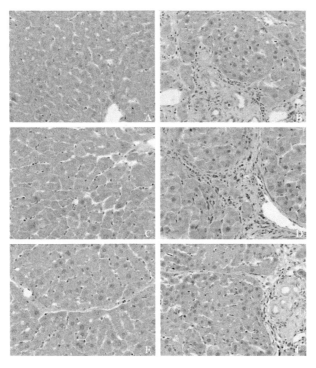

图4-2　大鼠肝组织病理学光镜图片（×400）
Fig. 4-2　Light microscope pathology slices of rat liver tissue
A. 正常对照组；B. 模型组；C. 甘草次酸冻干粉口服组；D. 美能口服组；
E. 甘草次酸冻干粉尾静脉注射组；F. 美能尾静脉注射组

从解剖时外观来看，正常对照组大鼠肝脏外观红润光滑，质地软而富有弹性；模型组的大鼠肝脏体积增大，颜色变深，质地较脆，表面粗糙呈颗粒状。如图4-2所示，放大400倍后观察，正常对照组大鼠肝组织小叶结构正常，清晰可见，肝细胞索以中央静脉为中心呈放射状排列，汇管区可见小叶间动、静脉和小叶间胆管；模型组大鼠肝小叶结构消失，纤维组织增生，假小叶形成，肝细胞内可见脂滴、灶性肝细胞坏死和炎症坏死区向外延伸，形成厚薄不一的纤维间隔，形成肝硬化。美能口服组注射组肝纤维化程度有所降低，但仍有明显的炎症和细胞坏死现象，治疗效果不明显。甘草次酸冻干粉注射组和甘草次酸冻干粉口服组虽然在汇管区周围仍有少量细胞坏死和纤维组织增生现象，但治疗效果较明显，肝小叶结构基本正常，细胞排列较紧密，形状规则。尤其是甘草次酸冻干粉口服组，有明显好转的迹象。各组大鼠肝损伤病理评分见表 4-10。

表 4-10　大鼠慢性肝损伤病理评分（$\bar{x} \pm s$）

Tab. 4-10　Pathological grading of chronic liver injury in rats（$\bar{x} \pm s$）

组别	剂量	动物/只	评分
模型	—	7	$3.49 \pm 0.28^{\triangle\triangle}$
正常对照	—	10	—
次酸口服	131.8mg/kg	8	$1.92 \pm 0.72^*$
次酸注射	131.8mg/kg	8	$2.27 \pm 0.51^*$
美能口服	170mg/kg	8	$1.89 \pm 0.77^*$
美能注射	9ml/kg	9	3.09 ± 0.38

4.3　水溶性甘草次酸在大鼠体内的药动学研究

4.3.1　实验材料、仪器与动物

4.3.1.1　材料与仪器

甲醇、甲酸	色谱纯
绿原酸标准品含量 98%	由中国食品药品检定研究院提供
甘草次酸标准品含量 98%	上海信然生物技术有限公司，CAS 1449-05-4
甘草次酸冻干粉	由东北林业大学森林植物生态学教育部重点实验室提供，每克含甘草次酸 100mg
肝素钠	上海惠世生化试剂有限公司
BS124S 电子天平	北京赛多利斯科学仪器有限公司
78HW-1 数显恒温磁力搅拌器	杭州仪表电机有限公司
Millipore 超纯水系统	美国 Millipore 公司
Agilent1100 高效液相色谱仪	Agilent 公司
三重四极杆质谱检测仪配有电喷雾离子源（ESI）	API3000，美国 AB 公司
数据处理软件	Analyst1.4 数据处理系统
其余试剂均为分析级	

4.3.1.2　实验动物

Wistar 大鼠 10 只，体重（200±20）g，由哈尔滨医科大学附属肿瘤医院实验动物中心提供。大鼠在温度为（22±2）℃及相对湿度为（50±5）%的环境中饲养，并处以12h/12h的光照及黑暗环境循环。实验前，所有大鼠均适应环境1周，实验期间每天观察动物外观、体征、行为活动等，每周记录体重2次，自由进食和饮水。

4.3.2 实验方法

4.3.2.1 LC-MS/MS分析方法的建立

1. 色谱条件

色谱柱Agilent Eclipse XDB-C18柱（150mm×4.6mm i.d.，5μm）；流动相为含0.1%甲酸的水溶液∶甲醇（$V:V$=1∶9），柱温常温，流速1ml/min，进样量10μl，等度洗脱。

2. 质谱条件

采用ESI离子源，负离子多离子反应检测（MRM）扫描方式，离子源喷雾电压–4500V；离子源雾化温度300℃；雾化气12psi；气帘气10psi。甘草次酸离子对m/z 469.7→425.2，去簇电压–140V，碰撞电压–50V，碰撞室射出电压–5V；绿原酸（IS）离子对m/z 353.0→191.0，去簇电压–130V，碰撞电压–27V，碰撞室射出电压–5V。

4.3.2.2 对照品及内标溶液配制

1. 对照品溶液的配制

精密称取甘草次酸标准品2.00mg，加入流动相溶解并稀释至2ml，配制得到浓度为1mg/ml的甘草次酸标准溶液储备液，保存备用；取适量上述甘草次酸标准溶液储备液，以流动相为稀释液，配制出浓度分别为5ng/ml、25ng/ml、50ng/ml、100ng/ml、500ng/ml、1000ng/ml、2000ng/ml、5000ng/ml的系列标准溶液工作液，备用。

2. 内标溶液的配制

精密称取绿原酸（IS）标准品2.00mg，加入流动相并稀释至2ml，配制浓度为1.00mg/ml的内标储备液，然后使用流动相稀释该储备液至2.5μg/ml，作为内标溶液备用。

4.3.2.3 血浆样品处理与测定

将实验用大鼠眼眶后静脉丛取血约500μl并收集在事先用肝素钠处理过的

离心管中，混匀后 3000r/min 离心 20min 后取上清液，即为血浆。精密吸取血浆 200μl，加入 200μl 的内标溶液（10μg/ml），然后加入 300μl 乙酸乙酯，涡旋 30s 后 12 000r/min 离心 10min 取上清液，氮气吹干后用 100μl 流动相复溶，涡旋充分混匀，12 000r/min 离心 10min。取上清液 10μl 进行 LC-MS/MS 分析。

4.3.2.4　方法专属性考察

分别取空白大鼠血浆、空白血浆加入甘草次酸后及给药后大鼠血浆样品，按照 4.3.2.3 中方法处理样品，分别对 m/z 469.7→425.2 和 m/z 353.0→191.0 的离子对进行检测。

4.3.2.5　标准曲线的制作和线性关系考察

取肝素钠抗凝空白大鼠血浆配制标准品样品。首先用甲醇配制成浓度分别为 20ng/ml、50ng/ml、500ng/ml、1000ng/ml、5000ng/ml、50 000ng/ml 的标准工作溶液，然后各取 200μl 标准工作溶液分别加入 200μl 空白血浆和 200μl 的 IS 溶液（浓度 10μg/ml），加入 400μl 乙酸乙酯，涡旋 30s 后 12 000r/min 离心 10min 取上清液，氮气吹干，用 100μl 甲醇复溶，12 000r/min 离心 10min，取 10μl 上清液进样。

4.3.2.6　样品回收率考察

取空白血浆 200μl，按 4.3.2.3 项下方法分别加入内标溶液 200μl 和质量浓度为 150ng/ml、750ng/ml、4000ng/ml 的甘草次酸对照品溶液 200μl 配制成低、中、高 3 个质量浓度的血浆样品各 5 个样本；另取空白血浆 200μl，不加对照品溶液和内标溶液，按 4.3.2.3 项下方法操作，向获得的乙酸乙酯上清液中加入相应浓度的对照品溶液 200μl 和内标 200μl，涡旋混合，氮气吹干，残留物加 100μl 流动相复溶。以上 2 种方法处理的样品取 10μl 进样分析，获得相应色谱峰面积（5 次测定的平均值）。以同一质量浓度两种处理方法的峰面积比值计算提取回收率。

4.3.2.7　精密度考察

取大鼠空白血浆 200μl，分别加入质量浓度为 150ng/ml、750ng/ml 和 4000ng/ml 的甘草次酸对照品溶液 200μl，每一浓度制备 6 个平行样，按 4.3.2.3 中的方法处理样品，进样量为 10μl，连续测定 3d，记录色谱图，对其精密度进行考察。

4.3.2.8　最低定量限（LLOQ）考察

定量限是指样品中被测物质能被定量测定的最低量，其测定结果应具有一定准确度和精密度。常用信噪比法测定定量限。一般以 $S/N=10$ 时相应的浓度或注入仪器的量进行确定。本实验对甘草次酸标准曲线最低点平行 3 个样品在同一批次内进行考察。

4.3.2.9　样品稳定性考察

取空白大鼠血浆 200μl，加入质量浓度为 150ng/ml、750ng/ml、4000ng/ml 的甘草次酸对照品溶液 200μl，配制成低、中、高 3 种质量浓度的血浆样品各 9 个样本，在各个质量浓度样品中各随机抽取 3 个组成一组，并编号为 A、B、C 组；A 组在室温下放置 3h，B 组于–20℃冰箱放置 3d，C 组反复冻融 3 次，加入内标溶液 0.1ml，按 4.3.2.3 项操作处理，进样 10μl，记录色谱图，考察样品的放置稳定性和冻融稳定性。另取空白血浆 200μl，加入质量浓度为 150ng/ml、750ng/ml、4000ng/ml 的甘草次酸对照品溶液 200μl，配制成低、中、高 3 种质量浓度的血浆样品各 3 个样本，于室温保存 24h 后加入内标溶液 200μl，按 4.3.2.3 项下方法分别测定。

4.3.2.10　注射组给药、采血和血浆中甘草次酸含量的测定

A 组大鼠尾静脉注射 131.8mg/kg 的甘草次酸冻干粉，于给药后的 0.08h、0.17h、0.25h、0.33h、0.5h、0.75h、1h、2h、3h、4h、6h 眼眶后静脉丛取血 0.5ml，装于事先制备好的肝素钠抗凝管中，采集的血样按"4.3.2.3　血浆样品处理与测定"项进行处理。

4.3.2.11　口服组给药、采血和血浆中甘草次酸含量的测定

B 组大鼠口服相同剂量的甘草次酸冻干粉，采血时间为 0.25h、0.5h、1h、2h、4h、6h、8h、12h、24h、36h、48h，其他步骤同 4.3.2.10。

4.3.2.12　甘草次酸原粉口服组给药、采血和血浆中甘草次酸含量的测定

C 组大鼠灌服 13.18mg/kg 的甘草次酸原粉，采血时间为 0.25h、0.5h、1h、2h、4h、6h、8h、12h、24h、36h、48h，其他步骤同 4.3.2.10。

4.3.3　结果与讨论

4.3.3.1　方法专属性考察

色谱图 4-3 表明，没有发现对于甘草次酸及其内标绿原酸的干扰峰，肝素

钠抗凝空白大鼠血浆中的内源性物质没有对被测化合物形成干扰，方法专属性良好。结果见图 4-3。

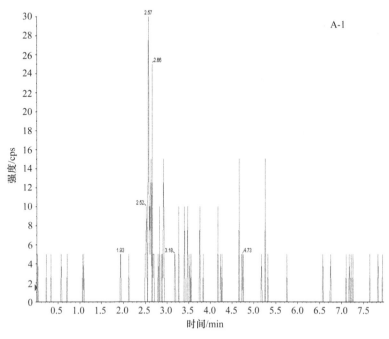

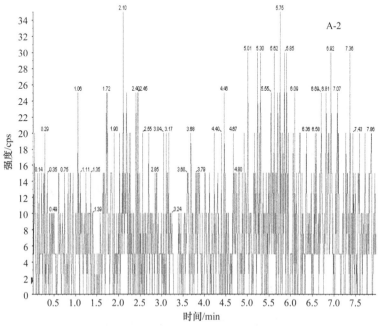

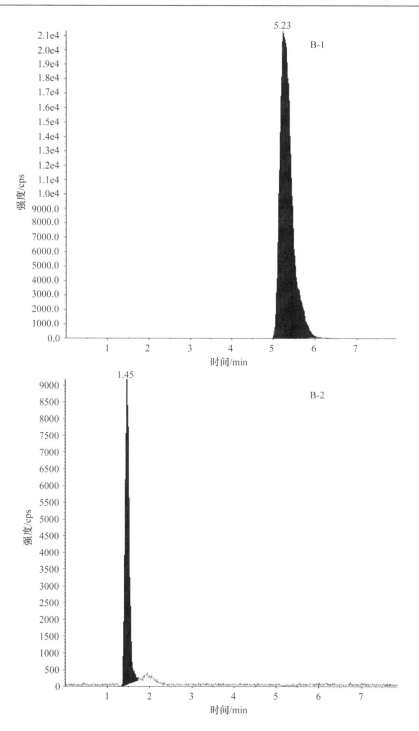

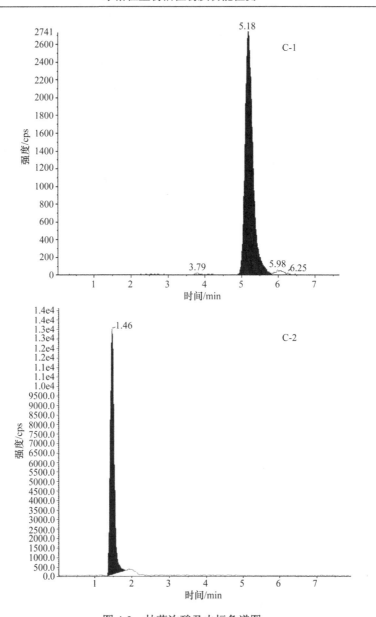

图 4-3　甘草次酸及内标色谱图

Fig. 4-3　LC-MS/MS chromatography spectra of glycyrrhetinic acid and IS

A. 空白血浆色谱图；B. 标准品+空白血浆色谱图；C. 大鼠血浆样品色谱图

1. 甘草次酸；2. 内标绿原酸

4.3.3.2　标准曲线的绘制

以甘草次酸与内标峰面积比为纵坐标 Y，以其浓度比为横坐标 X，采用加权最小二乘法进行线性回归，回归方程为 $Y=0.0104X+0.3799$（$R^2=0.9969$），表明血浆中的甘草次酸在 5～5000ng/ml 呈良好线性关系。

4.3.3.3　回收率考察

甘草次酸在低、中、高 3 个质量浓度的提取回收率分别为 84.38%（RSD＝3.27%）、88.12%（RSD＝2.99%）、79.91%（RSD＝7.43%），内标绿原酸的提取回收率为 89.37%（RSD＝2.96%），满足实验要求。

4.3.3.4　精密度考察

3 个质量浓度对照品溶液的日内精密度的 RSD 分别为 7.06%、4.71%和4.58%，日间精密度的 RSD 分别为 5.79%、4.41%和 6.20%，均符合生物样品分析方法指导原则的有关规定。

4.3.3.5　最低定量限的考察

实验结果表明，平行样品测定值的 RSD 为 9.74%，平均值的相对误差为 −11.06%，均满足 LLOQ 相应的要求。见图 4-4 和图 4-5。

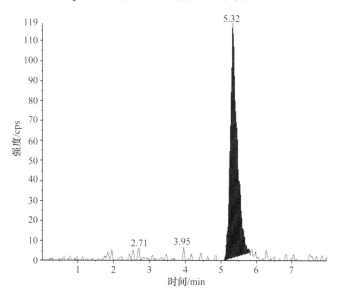

图 4-4　甘草次酸 LLOQ 色谱图

Fig. 4-4　LLOQ chromatography of glycyrrhetinic acid

4.3.3.6　样品稳定性考察

实验结果显示 A 组样品的 RSD 分别为 5.1%、3.8%、2.5%，B 组为 6.8%、

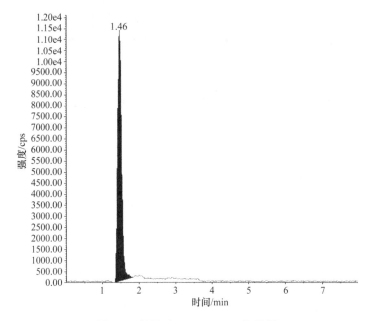

图 4-5　绿原酸（IS）LLOQ 色谱图
Fig. 4-5　LLOQ chromatography of chlorogenic acid（IS）

6.2%、3.3%，C 组为 4.1%、5.1%、4.4%；样品放置 24h 后所得 RSD 分别为 5.8%、6.2%、7.2%。结果表明，甘草次酸血浆样品在室温条件下至少能稳定 4h，在冰冻条件下至少能稳定 3d；反复冻融 3 次并不影响血药浓度，经过处理后的血浆样品在室温条件下至少能稳定 24h。

4.3.3.7　甘草次酸冻干粉的大鼠药动学研究

1. 药-时曲线

　　甘草次酸冻干粉尾静脉注射组、口服组和原粉口服组的药-时曲线如图 4-6 所示。

2. 注射组房室模型的选择

　　注射组权重系数选择为 $1/C^2$，一室至三室模型对应的 r^2（拟合度），S_w 及 AIC 值如表 4-11 所示。
　　按照式（4-5）计算 F 计数值。

$$F = \frac{S_{w1} - S_{w2}}{S_{w2}} \times \frac{\mathrm{d}f_2}{\mathrm{d}_{f1} - \mathrm{d}_{f2}} \tag{4-5}$$

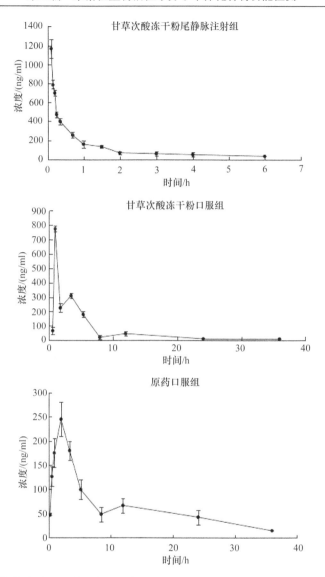

图 4-6 甘草次酸冻干粉尾静脉注射组、口服组和甘草次酸原粉口服组药-时曲线

Fig. 4-6 Drug concentration-time curves rat plasma in of freeze-dried glycyrrhetinic acid injection，freeze-dried glycyrrhetinic acid oral administration and glycyrrhetinic acid oral administration

式中，S_w（WSS）为各室模型的加权残差平方和，且 $S_{w1} > S_{w2}$；赤池信息准则（akaike information criterion，AIC）法是近年来发展用于判断线形药物动力学模型的较好方法，AIC 数值越小，说明拟合度越好。

df 为数据点数 n 减去参数 r，参数 r 在一室、二室、三室模型中分别为 2、4、6，且 $df_1 > df_2$。

表 4-11　各房室模型 r^2，S_w 及 AIC 值

Tab. 4-11　The model of atrioventricular，r^2，S_w and AIC value

项目	r^2	S_w	AIC
一室	0.999 998 5	2.191 332	13.414 11
二室	0.999 999 9	0.150 373	−14.735 63
三室	0.999 999 9	0.118 346	−13.609 71

在本实验中，$n=12$。

首先比较一室和二室模型，F 计数值为 54.2906，5% 自由度的 F 界值为 4.46，F 计数值 > F 界值，二者具有差异显著性；AIC 值以二室为小，r^2 以二室为大，因此认为二室模型比一室模型更符合药代动力学。

然后比较二室和三室模型。F 计数值为 0.8119，5% 自由度的 F 界值为 5.14，F 计数值 < F 界值，二者不具有差异显著性；此外，二者 r^2 相同，AIC 值以二室模型为小，综上，认为静脉注射给药纳米甘草次酸的体内药代动力学符合二室模型。

3. 口服组房室模型的选择

口服原粉和甘草次酸冻干粉组大鼠的药-时曲线显示血药浓度随时间的变化并不规律，为非房室模型。

4. 药动学参数

运用 3p87 软件计算注射组药代参数，选择权重系数 $1/C^2$，二室和一室开放模型，分别对注射和口服用纳米甘草次酸冻干粉的大鼠血浆药动学参数进行计算，数据如表 4-12 所示。

表 4-12　注射组血浆药动学参数

Tab. 4-12　Pharmacokinetic parameters of injection group

药动学参数	单位符号	注射组参数值
分布相初浓度 A	ng/ml	1125.548±312.7
消除相初浓度 B	ng/ml	145.375±31.1
分布相速率常数 α	/h	2.995±0.371
消除相速率常数 β	/h	0.257±0.065
分布相半衰期 $t_{1/2}\alpha$	h	0.231
消除相半衰期 $t_{1/2}\beta$	h	2.701
消除速率常数 K10	/h	1.349
周边室→中央室转运速率常数 K21	/h	0.570
中央室→周边室转运速率常数 K12	/h	1.333
药-时曲线下面积 AUC	ng/（ml·h）	4323.429
表观分布容积 Vd	L/kg	0.010
清除率 CL	L/h	0.014

口服组采用 WinNonlin 5.2.1 药代动力学软件计算药动学参数，数据如表 4-13 所示。

表 4-13　口服组血浆药动学参数
Tab. 4-13　Pharmacokinetic parameters of oral group

项目	口服组冻干粉参数值	口服原粉组参数值
T_{max}/h	1	2
C_{max}/（ng/ml）	300.056±55.177	286.994±73.118
Ke/（/h）	0.125±0.040	0.067±0.021
$t_{1/2}$（Ke）/h	10.343±1.716	5.544±0.352
AUC/（h·ng/ml）	2429.815±318.922	1031.904±296.325
V/F/（L/kg）	0.056±0.003	0.164±0.024
CL/F/［L/（h·kg）］	0.007±0.0001	0.011±0.0028

注：Ke 消除速率常数；V/F 表观分布容积；CL/F 清除率

4.4　水溶性甘草次酸在大鼠体内的急性毒性试验

4.4.1　实验材料、仪器与动物

4.4.1.1　实验材料与仪器

纳米甘草次酸冻干粉　　　由东北林业大学森林植物生态学教育部重点实验室提供，每克含甘草次酸 100mg

仪器电子天平　　　　　　BS200s-WEILmg-210g，德国
Millipore 超纯水系统　　　美国 Millipore 公司

4.4.1.2　实验动物

Wistar 大鼠 24 只，体重（200±20）g，雌雄各半，由哈尔滨医科大学附属肿瘤医院实验动物中心提供。大鼠在温度为（22±2）℃及相对湿度为（50±5）% 的环境中饲养，并处以 12h/12h 的光照及黑暗环境循环。实验前，所有大鼠均适应环境 1 周，实验期间每天观察动物的外观、体征、行为活动等，每周记录体重 2 次，自由进食和饮水。

4.4.2　实验方法

4.4.2.1　口服组急性毒性考察

参照《化学药物急性毒性试验技术指导原则》进行限度实验，方法为取禁

食 12h 的大鼠 4 只，按照 5g/kg 的给药剂量，给第一只大鼠灌服纳米甘草次酸混悬液，并观察 48h，结果显示大鼠未死亡。继续对另外 3 只大鼠灌服同样剂量的药物，并连续观察 14d。记录好以下指标：①大鼠 14d 内的死亡数，并记录死亡时间；②给药 24h、48h、72h、7d 和 14d 时分别记录大鼠的体重；③每天的同一时间观察大鼠的行为 30min，并做相应记录；④对中毒死亡大鼠进行解剖，对肉眼观察有明显病变的脏器或者组织进行病理学检查。

4.4.2.2 注射组急性毒性考察

取禁食 12h 的大鼠 20 只。纳米甘草次酸以超纯水配制成 30mg/ml 的浓度，以每次 2ml/200g 的给药剂量经尾静脉缓慢推注至大鼠体内，24h 内每隔 8h 注射一次。并记录好以下指标：①大鼠 14d 内的死亡数，并记录死亡时间；②分别于给药后 24h、48h、72h、7d 和 14d 时记录大鼠的体重；③每天的同一时间观察大鼠的行为 30min，并做相应记录；④对中毒死亡大鼠进行解剖，对肉眼观察有明显病变的脏器或者组织进行病理学检查。

4.4.3 结果与讨论

4.4.3.1 口服组急性毒性试验结果

在 2.3.1 限度实验的考察中，4 只大鼠在 14d 内均未死亡，说明纳米甘草次酸的 LD50 大于 5g/kg，可停止试验。14d 内大鼠体重变化情况如表 4-14 所示。

表 4-14 给药后大鼠体重的变化
Tab. 4-14 Rats weight change after the drug treatment

组别	剂量 /（g/kg）	初始 体重/g	24h 体重/g	48h 体重/g	72h 体重/g	7d 体重/g	14d 体重/g
1 号鼠	5	185.43	187.24	188.06	189.63	191.84	197.20
2 号鼠	5	189.52	190.65	192.21	192.90	195.10	201.20
3 号鼠	5	186.64	188.71	190.88	191.92	193.44	200.17
4 号鼠	5	185.90	186.29	187.43	187.29	191.92	199.21
空白组	—	190.18	191.15	192.98	192.53	194.95	200.18

由表 4-14 中大鼠体重变化情况可知，14d 内大鼠体重增长情况正常；其中4 号鼠在 72h 的体重略小于 48h 的体重，可能与称量时大鼠自身的取食与饮水有关；综合来看，服用纳米甘草次酸的大鼠的体重增长较空白组稍快一些，但差别不大。

试验中 4 只大鼠均无反常行为，进食正常，皮毛光滑，也没有异常分泌物。

于试验结束时处死大鼠并解剖，对其心、肝、脾、肺、肾、小肠、胃和肌肉组织进行肉眼观察，也未发现异常变化。

4.4.3.2　注射组急性毒性试验结果

每次给药后大鼠活动减少，相对安静，半小时后便恢复正常；试验期间大鼠无一死亡，进食正常，皮毛光滑，体重无异常变化，也没有异常分泌物。于试验结束时解剖大鼠，对其心、肝、脾、肺、肾、小肠、胃和肌肉组织进行肉眼观察，并未发现异常变化。

动物急性毒性试验（acute toxicity test，single dose toxicity test）是指研究动物一次或24h内多次给予受试物后，一定时间内所产生的毒性反应。从临床研究历史来看，所有的药物都必须进行急性毒性试验，对其毒理特征进行详细的、全面的考察，确定受试物的致死剂量范围和毒性特征，为后续长期的临床试验提供依据。作为毒理学安全性系统评估的初始部分，急性毒性试验的重要性不言而喻，国家药品食品监督管理局常把它作为制定毒理学安全评价卫生管理标准不可或缺的一项重要依据。作为一种新型的纳米制剂，较甘草次酸本身，甘草次酸冻干粉的毒性特征也可能会发生相应的改变，需要通过试验进行准确的论证。

当前我国的药学工作者在对新型药物考察时，较多采用的还是传统方法，不但使用动物数量较多，而且会耗费较多的人力和物力，这与近年来提倡的3Rs原则（replacement、refinement、reduction，替代、优化、减少）相悖，本实验选用一种新式的考察方法——上下法（up-and-down procedure，UDP）来进行毒理学研究，上下法是由Mood和Dixon于1948年最早提出，后由Bruce于1985年改进完善，可以用极少量的动物数来粗略获取半数致死剂量（LD50）的一种新方法。

上下法主要由限度实验和主实验两部分组成。在限度实验中，受试物按照5g/kg的剂量给予一只动物，在48h内如果该动物死亡，则进行主实验；如果受试动物存活，则继续按照该剂量再给药4只动物，有3只或者3只以上存活的动物死亡时，说明LD50小于5g/kg；若有3只或者3只以上存活，则说明LD50大于5g/kg，停止实验。在主实验中，根据受试物的剂量级数因子（dose progression factor），发现与受试物剂量-反应曲线斜率有关，在没有受试物剂量-反应曲线斜率时，选取默认因子数3.2和斜率2.0来确定剂量序列。一般选取大鼠为考察对象，初始观察时间设定为48h。首先选取所设定剂量序列里最接近且小于LD50估计值的剂量，作为第一只大鼠的用药量，若动物死亡，则下一只大鼠的用药剂量等于原始用药剂量除以剂量级数因子；若动物存活下来，则下一只大鼠的用药剂量为原始剂量乘以剂量级数因子。当出现下列 3 种情况中任何一种时则终止实验：①最高剂量连续 3 只动物存活；②任何 6 只动物中有 5 只连续发生高一级剂量死亡、低一级剂量存活的生死转换；③至少有 4 只动物发生生死转换及指定的似然比超过临界值。综合各方面因素，对于口服组的急性毒性考察，本研究选用上下法进行实验，在大大节约成本的同时，也提高了实验效率。

另外，现行化学药物急性毒性研究技术指导原则中明确："对于一些毒性较小的药物可采用最大给药量法，在合理的最大给药浓度和给药剂量的前提下，以单次注射允许的最大剂量给药或者在 24h 内多次（2~3 次）给药，单次或者 24h 内的给药剂量一般不超过 5g/kg，受试动物一般选取 10~20 只，且要连续观察 14d"。

鉴于甘草次酸本身溶解度的考虑（37℃条件下甘草次酸在水中的平衡溶解度仅为 6.32 mg/L，而改进剂型的甘草次酸冻干粉的溶解度也仅为 30mg/ml）和 3Rs 原则，本实验对注射组大鼠采用最大给药量法进行研究。

4.5　本　章　小　结

肝脏是人体内脏里最大的器官，也是各种药物在人体内富集、转化、代谢的主要部分，人们口服的各种药物经胃肠吸收后进入循环系统，进而流入肝脏处血管网，各种药物便会被肝细胞吸收富集，当药物的用量过大或用药时间过长时，其毒副作用便会首先在肝脏处表达，从而对肝脏造成损伤，引起肝组炎、肝纤维化等。例如，酗酒所诱发的酒精肝及实验时常用的 CCl4 诱导的大鼠慢性肝损伤，由此类药物引起的肝损伤，被称为药物性肝损伤。当然，病毒也同样会引起肝损伤，如病毒性肝炎便是因为病毒的持续存在，造成肝脏发生炎症和肝细胞坏死，肝脏持续不断的纤维增生逐渐演变成为了肝纤维化。同样，脂肪在动物体肝脏内过度积存时，也会造成肝损伤，致使脂肪变性，脂质代谢出现紊乱，于是肝脏对各类炎症和各种不宜因素有较高的敏感度，逐渐发展为肝纤维化。本研究采用较经典的 CCl4 诱导大鼠慢性肝损伤的方法，以较快的速度建立了慢性肝损伤模型，缩短了实验周期；而且 CCl4 毒性较大，也使大鼠的肝损伤症状更加明显；但也正是因为 CCl4 毒性较大，造模过程中大鼠死亡率较高，所以造模过程中，毒性物质的给服剂量和周期就尤为重要。

肝纤维化是指由各种致病因子所造成的肝内结缔组织异常增生，导致肝内弥漫性细胞外基质过度沉淀的病理过程。CCl4 是最常用于诱发实验动物肝纤维化和肝硬化的毒物，它进入机体后，能被肝脏内的肝微粒体色素 P450 激活，产生三氯甲基自由基（·CCl$_3$）和氯自由基（·Cl），这些自由基攻击肝细胞膜的多不饱和脂肪酸（polyunsaturated fatty acid，PUFA）引发脂质过氧化，导致细胞膜通透性增强，严重的则使肝细胞变性坏死，胞质内转氨酶渗出，血清中的ALT 和 AST 含量上升，同时，这一过程也会形成一些脂质过氧化物，如 MDA、氧自由基等，而 MDA 的量常可反映机体内脂质过氧化的程度，间接地反映出细胞损伤的程度，MDA 的测定常与 SOD 的测定相互配合，SOD 活力的高低间接反映了机体清除氧自由基的能力。GSH 是体内广泛存在的一种重要的催化过氧化氢的酶，起到保护细胞膜结构和功能完整的作用。本实验结果表明，美能片剂和注射液及自制甘草次酸冻干粉均能有效地降低肝损伤大鼠血清当中ALT 和 AST 水平，提高 SOD 和 GSH 的活力，降低肝组织中 MDA 的含量，说明甘草甜素和甘草次酸对 CCl$_4$ 诱导的大鼠慢性肝损伤具有较好的治疗效果；由于 ALT 和 AST 常被列为肝病检测的重要指标，本研究在判断模型建立与否的实验过程中，主要定期对 ALT 和 AST 的含量来抽样分析。

　　碱性磷酸酶（ALP）主要是由骨细胞分解而得的，经过肝脏、胆道排出体外。如果肝胆出现病变，碱性磷酸酶无法顺利排出，导致碱性磷酸酶回流入血清中，使得血清中检测的 ALP 值偏高。Hyp 为胶原纤维所特有，肝纤维化时，胶原纤维增加，通过测定 Hyp 的含量能间接反映出肝纤维化的程度。实验结果显示，甘草次酸对血清中 ALP 含量的影响不大，在一定程度上降低了肝组织中 Hyp 的含量，而且甘草次酸冻干粉治疗组要稍好于美能注射组。

　　通过本实验，人们了解到甘草酸类和甘草次酸等物质对慢性肝损伤的治疗效果较明显，能大大降低肝损伤大鼠血清中 AST、ALT 水平和肝组织中 MDA 的含量，提高了肝组织中 SOD、CAT 和 GSH 的活力（$P<0.01$），并减轻组织炎症及纤维化。甘草次酸冻干粉的治疗效果较所选的两种市售药要稍好一些，但总体差别不大。

　　本研究利用 LC-MS/MS 建立了一种测定大鼠血浆中甘草次酸含量的方法，色谱条件为：色谱柱 Agilent Eclipse XDB-C18 柱（150mm×4.6mm i.d.，5μm）；流动相为含 0.1%甲酸的水溶液：甲醇（$V:V=1:9$），柱温常温，流速 1ml/min，进样量 10μl，等度洗脱。质谱条件为：采用 ESI 离子源，负离子多离子反应检测（MRM）扫描方式，离子源喷雾电压–4500V；离子源雾化温度 300℃；雾化气 12psi；气帘气 10psi。甘草次酸离子对 m/z 469.7→425.2，去簇电压–140V，碰撞电压–50V，碰撞室射出电压–5V；绿原酸（IS）离子对 m/z 353.0→191.0，去簇电压–130V，碰撞电压–27V，碰撞室射出电压–5V。在该检测方法中，没有发现对于甘草次酸及其内标绿原酸的干扰峰，肝素钠空白大鼠血浆中的内源性物质没有对被测化合物形成干扰，方法专属性良好；甘草次酸与绿原酸的平均回收率分别为 84.14%和 89.37%，日内和日间精密度的 RSD 也均分布在 3%～8%，符合实验要求。说明该检测方法专属性好，准确度可靠，精密度高，稳定性强，认为该方法准确可靠。通过生物利用度实验，绘制出了甘草次酸冻干粉在大鼠体内的药物浓度-时间曲线，分析认为尾静脉注射给药甘草次酸冻干粉的体内药代动力学行为符合二室模型，而口服甘草次酸冻干粉和原粉组为非房室模型。

　　较原粉给药组，甘草次酸冻干粉口服组大鼠血浆甘草次酸的 AUC 增加了近一倍，但吸收与消除速率均增大；而甘草次酸冻干粉注射组的 AUC 又为冻干粉口服组的 2 倍，提示本实验所用药物在采用静脉注射时，药物的利用率要好于口服用药，同时也证明了改进剂型的冻干粉能显著增加甘草次酸吸收量。口服甘草次酸冻干粉组大鼠血浆中甘草次酸 AUC 的增加，其原因是否与甘草次酸和甘露醇等辅料合用后影响了肠道菌丛活性或甘草次酸的吸收机制有关，还需进一步实验研究证实。

　　甘草次酸冻干粉实质是一种纳米混悬制剂。纳米粒在体内的代谢过程有别于正常粒径的药物，因而对于纳米甘草次酸的急性毒性研究具有重要的意义。本实验对甘草次酸冻干粉口服和注射给药途径的毒性进行了考察，按照1998 年经济合作与发展组织（OECD）化学物质毒性分级标准，以 5mg/kg、50mg/kg、300mg/kg、2000mg/kg、5000mg/kg 为分界点，将物质毒性分为 5 级，而甘草次酸冻干粉经口服给药 LD50＞500mg/kg，而注射组大鼠也无一死亡，显示甘草次酸冻干粉的毒性较小，为低毒性制剂。通过对给药后大鼠体重及行为特征的考察发现，大鼠行为并无异常，但体重的增长较空白大鼠要稍快一些，提示了甘草次酸冻干粉中的辅料物质或者甘草次酸本身可能对大鼠体重的增长有促进作用，该分析有待于进一步考察。

第 5 章　水溶性辅酶 Q_{10}

5.1　CoQ_{10} 简介

5.1.1　CoQ_{10} 理化性质

CoQ_{10}（coenzyme Q_{10}，ubiquinone 5；商品名：ubidecarenone，neuquinon）是一种醌类化合物，其结构式如图 5-1 所示，分子质量为 865.37Da。其化学名为 2,3-二甲氧基-5-甲基-6-（+）聚-（2-甲基丁烯（2）基)-苯醌，系黄色或淡黄色结晶，无嗅、无味。易溶于氯仿、苯、四氯化碳；溶于丙酮、石油醚及乙醚；微溶于乙醇；不溶于水和甲醇。见光易分解成微红色物质，对温度和湿度较稳定，熔点为 49℃。

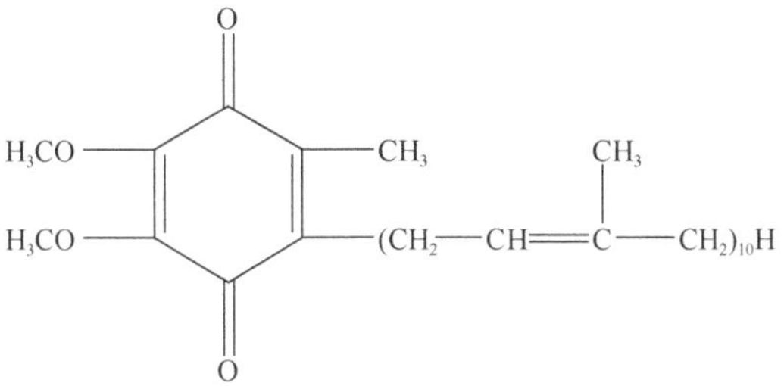

图 5-1　CoQ_{10} 结构式

Fig. 5-1　Chemical structural formula of CoQ_{10}

CoQ_{10} 以极低含量存在于微生物细胞体、植物叶和种子及动物心脏、肝脏与肾脏内。不同种属来源的辅酶 Q 其侧链异戊烯单位的数目不同，人类和哺乳动物是 10 个异戊烯单位，故称 Q_{10}。CoQ_{10} 在人体内呼吸链中质子移位及电子传递中起重要作用，它是生物体内氧化还原辅酶，促进 ATP 的产生，是细胞呼吸和细胞代谢的激活剂，也是重要的抗氧化剂和非特异性免疫增强剂。

人体的 CoQ_{10} 含量会在 20 岁达到巅峰之后持续降低，50 岁时体内的 CoQ_{10} 数量会比 20 岁时减少 50%，80 岁时则只剩下 35%。研究指出，当 CoQ_{10} 含量只剩下 25% 时，心脏则停止跳动。研究发现，CoQ_{10} 在体内细胞能量的生成过程中担当重要的角色。没有充足的 CoQ_{10}，体内的生物系统没有能量发挥最佳的生物学功能。服用 CoQ_{10} 对人体有许多好处：①增强免疫系统清除血液中有害细菌和抵抗多种病毒的能力，帮助机体产生抗体；②对抗药物治疗的不良反应，如减轻肿瘤患者因放化疗引起的肌肉损伤；③有益于心脏健康，体内 CoQ_{10} 水平不足，与许多心血管疾病有直接的联系，有研究指出，给年老的心肌细胞补充 CoQ_{10}，它们的表现可与年轻的心肌细胞一样；④保护细胞免受自由基的伤害，CoQ_{10} 本身是一种强效的抗氧化剂，能够帮助机体压制自由基。CoQ_{10} 可以用于医药、保健品和化妆品领域。近年来的研究表明，CoQ_{10} 治疗坏血病、十二指肠溃疡及胃溃疡、坏死性牙周炎、充血性心脏病、病毒性肝炎、促进胰腺功能和分泌有显著效果。动物实验结果表明，CoQ_{10} 具有抗肿瘤作用，临床上用于医治晚期转急性癌症患者有一定疗效。目前，临床的应用范围继续扩大，CoQ_{10} 的片剂已有效地用于治疗圆形脱发症、肺气肿。就目前而言，CoQ_{10} 主要是作为保健食品和食物补充剂在市场销售。世界范围内 CoQ_{10} 的消费主要集中在美国、日本、西欧国家及澳大利亚，其中美国市场占到总消费能力的 1/3。在美国，CoQ_{10} 作为非处方药和功能性食品在超市、食品连锁店和药店自由出售。我国目前则主要是应用于医药领域。

5.1.2　CoQ_{10} 生物活性

（1）抗心肌缺血作用：可减轻急性缺血时的心肌收缩力减弱及磷酸肌酸与三磷酸腺苷的含量减少，有助于保持缺血心肌细胞线粒体的形态结构，同时使实验性心肌梗死范围缩小，对缺血心肌有一定保护作用。

（2）增加心输出量，降低外周阻力：有助于抗心衰作用，醛固酮的合成与分泌有抑制作用并干扰其对肾小管的效应。

（3）抗心律失常作用：在缺氧条件下灌流离体动物心室肌时，可使动作电位持续时间缩短，电刺激测定其产生室性心律失常阈值较对照组少，冠状动脉开放后，阈值恢复亦较快。

（4）使外周血管阻力下降：此外，还有抗阿霉素的心脏毒副作用及保肝等作用。约75%冠心病患者用药后有助于心绞痛、胸闷、心悸、呼吸困难等症状的减轻，心电图也有所改善。对治疗室性早搏有一定帮助。

5.1.3　CoQ_{10} 在应用中存在的问题

CoQ_{10} 在药品应用中已经有口服和注射的多种剂型报道，由于发现在正常的人体/动物消化液中，CoQ_{10} 很难溶解，因此导致来源于口服剂型的生物活性很低。由于其分子质量高及亲脂性，该分子很难被吸收入肠道。应用传统制剂技术的产品（如片剂、胶囊中的微粉、悬浮液等）的生物利用度通常被报道极低，而现有的 CoQ_{10} 注射剂是采用大量吐温-80 增溶的方式进行制备的，虽然实现了注射给药，但是生物利用度还比较低，并且具有较严重的静脉炎反应，需要避光保存，稳定性也较差。因此，采用纳米技术制备水溶性的 CoQ_{10} 冻干粉针来提高生物利用度和药物保存的稳定性，具有广阔的市场前景。

5.2　辅酶 Q_{10} 纳米粒的体内抗氧化活性研究

在人体内辅酶 Q_{10} 以还原型和氧化型两种形式存在，其还原型是有效的抗氧化剂，它通过将氢原子从其羟基转给脂质过氧化自由基起作用，在此过程中还原型辅酶 Q_{10} 转化为氧化型。与此同时，氧化型辅酶 Q_{10} 又在超氧化物歧化酶和过氧化氢酶的作用下转运自由基，恢复了它的还原型。如此循环往复的氧化还原型的结构变化，使辅酶 Q_{10} 既是活性氧的清除者又是活性氧的生成者，因此，有人将辅酶 Q_{10} 在体内的作用比喻为"双刃剑"。还原型辅酶 Q_{10} 很不稳定，在体外条件下，极容易向其氧化型转化。在药代动力学研究时，血浆中测定的辅酶 Q_{10} 总浓度，准确来说是氧化型辅酶 Q_{10} 的浓度，这是因为在经过血样的预处理过程后，还原型辅酶 Q_{10} 已完全转化为氧化型。

辅酶 Q_{10} 是一种内源性抗氧化剂，它在线粒体转化生成 ATP 的过程中起重要的作用，并且能够减少线粒体内膜的脂质过氧化反应。研究表明，体内辅酶 Q_{10} 不仅可以直接清除过氧化物自由基，并且可以再生维生素 E（维生素 E 是一种天然的脂溶性抗氧化剂，能够通过抗脂质过氧化、抗自由基从而发挥氧化的作用），独力并协同维生素 E 发挥抗氧化剂的作用。此外，辅酶 Q_{10} 还可以促进机体抗氧化酶［主要包括超氧化物歧化酶（SOD）、过氧化氢酶（CAT）和谷胱甘肽过氧化酶（GSH-Px）］活性的提高，使机体具备一定抗氧化损伤的缓冲能力。因此，血浆中辅酶 Q_{10} 的水平可作为一项有用的生化指标，用以评估机体的氧化应激状况。

最近的一些文献报道了新的载药系统能够提高辅酶 Q_{10} 的口服生物利用度。例如，自乳化给药系统和多聚物包封的纳米粒，但是可能是由于它们在制备过程中所使用的助溶剂或载体材料对生物体的潜在影响仍不明确，因此目前仍然未见有关于这些载药系统体内生物学活性的报道。本节采用自然衰老模型，以辅酶 Q_{10} 原粉和维生素 E 为参照，通过对血浆中辅酶 Q_{10} 含量、抗氧化酶（SOD、GSH-Px）和脂质过氧化产物（MDA）的检测，对辅酶 Q_{10} 纳米粒的体内抗氧化活性进行评价。

5.2.1　实验材料、仪器与动物

5.2.1.1　实验材料与仪器

肝素	Sigma 公司
辅酶 Q_{10}	开鲁县昶辉生物技术有限责任公司
维生素 E	Sigma-Aldrich 公司
色谱级甲醇、乙醇	天津科密欧化学试剂开发中心
0.9%的生理盐水	哈尔滨三联药业有限公司
正己烷（分析纯）	天津市东丽区天大化学试剂厂
蛋白质含量测定试剂盒（考马斯亮蓝法）	南京建成生物工程研究所
超氧化物歧化酶（SOD）测定试剂盒	南京建成生物工程研究所
谷胱甘肽过氧化物酶（GSH-Px）测定试剂盒	南京建成生物工程研究所
过氧化氢酶（CAT）测定试剂盒	南京建成生物工程研究所
丙二醛（MDA）测定试剂盒	南京建成生物工程研究所
DY89-1 玻璃匀浆器	宁波新芝生物科技股份有限公司
BS124S 电子天平	北京赛多利斯仪器有限公司
电热恒温水浴锅	天津泰斯特仪器有限公司
3K-30 超速离心机	美国 Sigma 公司
HL-60 恒温培养箱	上海跃进医疗器械有限公司
XK96-A 快速混匀器	江苏姜堰市新康医疗器械有限公司
UV2550 紫外分光光度计	日本 SHIMADZU 公司
85-1 磁力搅拌器	杭州仪表电机有限公司
超低温冰箱	日本 SANYO 公司
吉尔森移液器	法国 Gilson 公司
1100 高效液相	加拿大安捷伦公司

5.2.1.2　实验动物

　　Wistar 大鼠（5 月龄，20 月龄），购于中国科学院上海实验动物中心。大鼠在温度为（22±2）℃及相对湿度为（50±5）%的环境中饲养，并处以 12h/12h 的光照及黑暗环境循环。实验前，所有大鼠均适应环境 1 周，实验期间每天观察动物的外观、体征、行为活动等，每周记录体重 2 次，自由进食和饮水。

5.2.2　实验方法

5.2.2.1　自然衰老模型及动物分组

随机取 20 月龄 Wistar 大鼠 24 只，雌雄各半，作为老年模型组，再随机取 5 月龄 Wistar 大鼠 6 只，雌雄各半，作为正常青年组。老年模型组随机分为：空白对照组、辅酶 Q_{10} 原粉组、维生素 E 组和辅酶 Q_{10} 纳米粒组，每组 6 只大鼠，分笼饲养，自由饮水摄食。

5.2.2.2　给药方法及样品处理

对辅酶 Q_{10} 原粉组、维生素 E 组和辅酶 Q_{10} 纳米粒组的动物，分别给予同等剂量（50mg/kg）的药物，每天定时灌胃一次，同时空白对照组和正常青年组用等量的生理盐水灌胃一次。大鼠连续灌胃 30d，最后一次灌胃后，从大鼠眼眶后静脉丛收集 2ml 血样，每个血样收集在含有微量肝素的 5ml 的离心管中，直接 3000r/min 离心 10min，取上清液，所有血浆样品检测前均在 −20℃保存。

5.2.2.3　血浆样品中辅酶 Q_{10} 含量的测定

2ml 血样移至 50ml 离心管中，加入 25μl 辅酶 Q_9（100μg/ml）作为内标。上层再加入 2ml 乙醇振荡 1min，然后加入 25ml 正己烷再振荡 5min。振荡完毕后 3000r/min 离心 10min，上层的有机溶剂层用移液器转移到一个新的 50ml 离心管中。上层的有机溶剂层在氮气的保护下蒸干，干燥的残渣用 200μl 流动相涡旋振荡 3min 溶解，12 000r/min 离心 5min，得上清液，进行高效液相测定。高效液相使用下列参数：流动相由色谱级甲醇和含 1%甲酸的乙醇（10∶90，V/V），高压液相总运行时间为 15min，流速为 1ml/min，柱温为 20℃。

5.2.2.4　血浆样品中抗氧化酶（SOD、GSH-Px）的测定

1. 超氧化物歧化酶（SOD）活力的测定

试剂盒内共有 5 种试剂：试剂 1 用时加蒸馏水稀释至 100ml，4℃保存；试剂 2、试剂 3 需 4～10℃保存；试剂 4 用时需和稀释液按 1∶14 比例稀释，4℃保存，不可冷冻；试剂 5 用时加 70～80℃蒸馏水 75ml 溶解后备用，试剂 6 用时加蒸馏水 37.5ml 溶解后备用；试剂 5、试剂 6 配好后避光 4℃冷藏；显色剂按照试剂 5∶试剂 6∶冰醋酸=3∶3∶2 的体积比配制，避光 4℃冷藏。具体操

作见表 5-1，并计算样品中的 SOD 活力。

表 5-1　总 SOD（T-SOD）的活力测定
Tab. 5-1　Total SOD activity assay

试剂	测定管	对照管
1 号试剂/ml	1.0	1.0
样品/ml	0.02	—
蒸馏水/ml	—	0.02
2 号试剂/ml	0.1	0.1
3 号试剂/ml	0.1	0.1
4 号试剂/ml	0.1	0.1

将各管混匀，置 37℃ 恒温水浴 40min。向各管中分别加入显色剂 2ml，混匀，室温放置 10min，于波长 550nm 处、1cm 光径、蒸馏水调零条件下，比色测定各管吸光值。

SOD 活力定义为每毫升反应液中 SOD 抑制率达 50% 时所对应的 SOD 量为一个 SOD 活力单位（U）。计算式如下：

$$血清中SOD活力（U/ml）= \frac{对照管OD值-测定管OD值}{对照管OD值} \div \tag{5-1}$$

$$50\% \times 反应体系的稀释倍数 \times 样本测试前的稀释倍数$$

2. 谷胱甘肽过氧化物酶（GSH-Px）活力测定

试剂盒由 7 种试剂组成：试剂 1、7（储备液）4℃ 保存，试剂 2、3 和 6 室温保存；试剂 4、5 避光 4℃ 保存。将试剂 1 稀释 100 倍配成应用液；试剂 2 的甲粉加 90～100℃ 的热蒸馏水 170ml，充分完全溶解，乙粉加 90～100℃ 的热蒸馏水 50ml，充分完全溶解；将已配好的甲乙两种溶液混合，室温静置冷却后，取上清液进行实验；试剂 3 加蒸馏水 200ml 溶解；试剂 4 加蒸馏水 50ml 溶解；试剂 5 每支加蒸馏水 10ml 溶解；标准品溶液应用液按照储备液：双蒸水=1：9 即 10 倍，稀释配成应用液。GSH 应用液的配制：将 1 支 GSH 标准品粉剂加到 GSH 标准品的溶剂应用液中，定容至 10ml 即为 1mmol/L 的 GSH 溶液。具体操作见表 5-2，并计算样品中的 GSH-Px 活力。

混匀，静置 15min 后，412nm 处、1cm 光径比色皿、蒸馏水调零条件下，测定各管吸光度值。

鼠全血 GSH-Px 活力单位符号为 U/ml，规定每 1ml 全血，每分钟，扣除非酶反应的 log（GSH）降低后，使 log（GSH）降低 1 为一个酶活力单位。计算公式如下：

表 5-2　GSH-Px 活力测定

Tab. 5-2　GSH-Px activity assay

酶促反应		
试剂	非酶管（对照管）	酶管（测试管）
1mmol/L GSH/ml	0.2	0.2
样本/ml	—	0.2
37℃水浴准确反应 5min		
试剂 1（37℃预温）/ml	0.1	0.1
37℃水浴准确反应 5min		
试剂 2/ml	2	2
样本/ml	0.2	—
混匀，3500～4000r/min 离心 10min，取上清液 1ml 作显色反应		

显色反应				
试剂	空白管	标准管	非酶管	酶管
GSH 应用液/ml	1			
GSH 标准液/ml		1		
上清液/ml			1	1
试剂 3/ml	1	1	1	1
试剂 4/ml	0.25	0.25	0.25	0.25
试剂 5（/ml）	0.05	0.05	0.05	0.05

$$血清GSH\text{-}Px酶活力（U/ml）= \frac{\log（非酶管OD值-酶管OD值）}{\log（标准管OD值-空白管OD值）} \times$$

$$标准管浓度（20\,\mu mol/L）\times 稀释倍数（5）\div \qquad （5\text{-}2）$$

$$反应时间 \times 样本测试前的稀释倍数$$

5.2.2.5　血浆样品中脂质过氧化产物（MDA）的测定

试剂盒由 3 种试剂组成：水浴加热试剂 1，直至透明方可应用；每瓶试剂 2 加 340ml 双蒸水混匀，4℃冷藏；试剂 3 为粉剂，加入到 90～100℃的热双蒸水 60ml 中，充分溶解后用双蒸水补足至 60ml，再加冰醋酸 60ml，混匀，避光冷藏；标准品为 10nmol/ml 四乙氧基丙烷。具体操作见表 5-3，并计算样品中的 MDA 含量。

混匀后，试管口用保鲜膜扎紧，刺一小孔，95℃水浴 40min，取出后流水冷却，然后 3000r/min，离心 15min。取上清液，532nm 处、1cm 光径、蒸馏水调零条件下，比色测定各管吸光度值。根据以下公式计算 MDA 含量：

$$血清中MDA含量（nmol/ml）= \frac{测定管OD值-测定空白管OD值}{标准管OD值-标准空白管OD值} \times \quad (5-3)$$

标准品浓度（10 nmol/ml）×样本测试前稀释倍数

表 5-3　MDA 含量测定简便操作表

Tab. 5-3　MDA content assay

试剂	标准管	标准空白管	测定管	测定空白管[*]
标准品/ml	0.1			
无水乙醇/ml		0.1		
测试样品/ml			0.1	
混合试剂/ml	4	4	4	

*一般情况下，空白管每批只需做 1～2 支

5.2.2.6　统计学分析

数据用均数±标准误差（mean±S.D.）表示。采用单因素方差分析（ANOVA）对辅酶 Q_{10} 原粉、维生素 E 和辅酶 Q_{10} 纳米粒的各组数据进行比较，方差分析使用 SPSS 13.0 软件，$P<0.05$ 被认为具有显著性差异。

5.2.3　结果与讨论

5.2.3.1　各组血浆样品中辅酶 Q_{10} 含量的测定

各组大鼠血浆中辅酶 Q_{10} 的含量如图 5-2 所示。正常青年组的大鼠血浆中辅酶 Q_{10} 的含量为（22.7±5.4）ng/ml，老年空白对照组的大鼠血浆中辅酶 Q_{10} 的含量为（13.8±3.7）ng/ml。随着月龄的增长，大鼠体内辅酶 Q_{10} 的水平下降，20 月龄的大鼠与 5 月龄的大鼠相比，体内辅酶 Q_{10} 的水平下降了约 39%。衰老模型组的大鼠口服辅酶 Q_{10} 原粉和辅酶 Q_{10} 纳米粒，能够直接影响血浆中辅酶 Q_{10} 的水平。与老年空白对照组相比，辅酶 Q_{10} 原粉组大鼠血浆中辅酶 Q_{10} 的含量［（43.9±8.2）ng/ml］显著提高（$P<0.01$），而与正常青年组相比差异不显著（$P>0.05$）。辅酶 Q_{10} 纳米粒组提高大鼠血浆中辅酶 Q_{10} 含量［（67.5±14.6）ng/ml］的效果最好，并且与正常青年组相比差异显著（$P<0.01$）。同时，维生素 E 组大鼠血浆中辅酶 Q_{10} 的含量［（38.7±7.3）ng/ml］与老年空白对照组相比也显著提高（$P<0.01$），但其效果低于辅酶 Q_{10} 原粉。维生素 E 能够提高血浆中辅酶 Q_{10} 的水平，可是由于其发挥了抗氧化作用，从而降低了机体对辅酶 Q_{10} 的消耗。

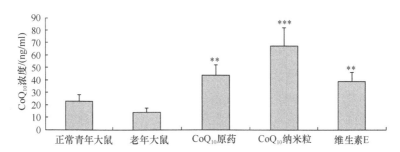

图 5-2　口服辅酶 Q_{10} 原粉、辅酶 Q_{10} 纳米粒及维生素 E 对大鼠血浆中辅酶 Q_{10} 浓度的影响

Fig. 5-2　Effect of administration of unprocessed CoQ_{10}, CoQ_{10} nanoparticles and Vit E on concentration of CoQ_{10} in the plasma

数据用均数±标准误差（mean±S.D.）表示（$n=6$）。**$P<0.01$，*** $P<0.001$ 被认为与老年空白对照组相比具有显著性差异

5.2.3.2　各组血浆样品中抗氧化酶（SOD、GSH-Px）的活力

SOD 对机体氧化与抗氧化的平衡起着至关重要的作用，能清除超氧阴离子自由基，保护细胞免受损伤。通过黄嘌呤及黄嘌呤氧化酶反应系统产生超氧阴离子自由基，后者氧化羟胺形成亚硝酸盐，在对氨基苯磺酸及甲萘胺作用下呈现紫红色，在波长 530nm 处有极大吸收峰。人体细胞内只有两种SOD，即铜锌-SOD（CuZn-SOD）与锰-SOD（Mn-SOD），二者相加等于总 SOD（T-SOD），本实验中测定了各组大鼠血清中的总 SOD 活力，见图 5-3。

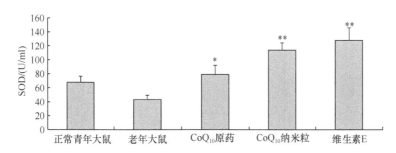

图 5-3　口服辅酶 Q_{10} 原粉、辅酶 Q_{10} 纳米粒及维生素 E 对大鼠血浆中 SOD 活力的影响

Fig. 5-3　Effect of administration of unprocessed CoQ_{10}, CoQ_{10} nanoparticles and Vit E on activity of SOD in the plasma

数据用均数±标准误差（mean ± S.D.）表示（$n=6$）。* $P<0.05$，** $P<0.01$ 被认为与老年空白对照组相比具有显著性差异

从图 5-3 中可以看出，各给药组大鼠血清中 SOD 活力明显升高，与老年空白对照组相比具有显著性差异（$P<0.05$ 或 $P<0.01$），与正常青年组相比差异不显著（$P>0.05$）。SOD 活力随着大鼠年龄的增长而降低，口服辅酶 Q_{10} 原

药、辅酶 Q$_{10}$纳米粒、维生素 E，都能增加老年大鼠血清中 SOD 活力，并且给药组均高于正常青年组水平。其中，维生素 E 提高大鼠血清 SOD 活力效果最好，而辅酶 Q$_{10}$纳米粒的效果优于辅酶 Q$_{10}$原粉。

谷胱甘肽过氧化物酶（GSH-Px）是体内存在的一种含硒清除自由基和抑制自由基反应的系统。对防止体内自由基引起膜脂质过氧化特别重要，它特异地催化过氧化氢（H$_2$O$_2$）与还原型谷胱甘肽（GSH）反应生成氧化型谷胱甘肽（GSSG）和水，可以起到保护细胞膜结构和功能完整的作用。GSH-Px 活力可用其促进酶促反应的速度来表示，测定此酶促反应中还原型谷胱甘肽的消耗，则可求出酶的活力，其活力以催化 GSH 氧化的反应速度及单位时间内 GSH 减少的量来表示。GSH 和 5,5′-二硫对硝基苯甲酸（DTNB）反应在 GSH-Px 催化下可生成黄色的 5-硫代-2-硝基苯甲酸阴离子，于 423nm 波长处有最大吸收峰，测定该离子浓度，即可计算出 GSH 减少的量。

从图 5-4 中可以看出，辅酶 Q$_{10}$原粉和辅酶 Q$_{10}$纳米粒可提高大鼠血浆中 GSH-Px 酶的活力，但与老年空白对照组相比差异不显著（$P>0.05$），而维生素 E 能够显著提高血浆中 GSH-Px 酶的活力，具有显著性差异（$P<0.05$）。GSH-Px 活力随着大鼠年龄的增长而降低，口服辅酶 Q$_{10}$原粉、辅酶 Q$_{10}$纳米粒、维生素 E 都可以增加老年大鼠血清中 GSH-Px 酶的活力。其中，辅酶 Q$_{10}$原粉组 GSH-Px 酶的活力低于正常青年组，而辅酶 Q$_{10}$纳米粒组高于正常青年组。

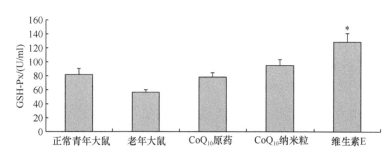

图 5-4　口服辅酶 Q$_{10}$原粉、辅酶 Q$_{10}$纳米粒及维生素 E 对大鼠血浆中 GSH-Px 活力的影响
Fig. 5-4　Effect of administration of unprocessed CoQ$_{10}$, CoQ$_{10}$ nanoparticles and Vit E on activity of GSH-Px in the plasma
数据用均数±标准误差（mean±S.D.）表示（$n=6$）。*$P<0.05$ 被认为与老年空白对照组相比具有显著性差异

5.2.3.3　各组血浆样品中脂质过氧化产物（MDA）的含量

机体通过酶系统与非酶系统产生氧自由基，后者能攻击生物膜中的多不饱和脂肪酸，引发脂质过氧化作用，并形成脂质过氧化物。MDA（malondialdehyde）是细胞膜脂质过氧化的终产物之一，测其含量可间接估计脂质过氧

化的程度。1 个丙二醛（MDA）分子与 2 个硫代巴比妥酸（TBA）分子在酸性条件下共热，形成粉红色复合物。该物质在波长 532nm 处有极大吸收峰，可以计算出 MDA 的含量。各组大鼠血清 MDA 含量如图 5-5 所示。

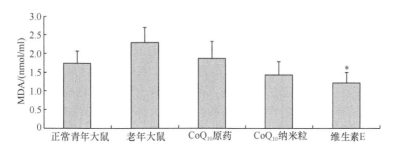

图 5-5　口服辅酶 Q10 原粉、辅酶 Q10 纳米粒及维生素 E 对大鼠血浆中 MDA 含量的影响

Fig. 5-5　Effect of administration of unprocessed CoQ10, CoQ10 nanoparticles and Vit E on concentration of MDA in the plasma

数据用均数±标准误差（mean±S.D.）表示（$n=6$）。*$P<0.05$ 被认为与老年空白对照组相比具有显著性差异

从图 5-5 中可以看出，辅酶 Q10 原粉和辅酶 Q10 纳米粒可降低大鼠血浆中 MDA 的含量，但与老年空白对照组相比差异不显著（$P>0.05$），而维生素 E 能够显著降低血浆中 MDA 的含量，具有显著性差异（$P<0.05$）。MDA 的含量随着大鼠年龄的增长而升高，口服辅酶 Q10 原粉、辅酶 Q10 纳米粒、维生素 E，都可以减少老年大鼠血清中 MDA 的含量。其中，辅酶 Q10 原粉组 MDA 的含量高于正常青年组，而辅酶 Q10 纳米粒组 MDA 的含量则低于正常青年组。

5.3　辅酶 Q10 纳米粒对心肌细胞的保护作用研究

心肌缺血再灌注损伤（ischemic/reperfusion injury，IRI）是指心肌组织经历一定时间的缺血后恢复血流供应，其损伤进一步加重的现象，由于是在缺血损伤基础上再次引起的损伤，因此称为心肌缺血再灌注损伤。随着心脏移植、冠状动脉搭桥，以及经皮冠脉介入治疗等手段广泛地应用于临床，心肌缺血再灌注损伤成为临床上常见的一种病理生理现象。大量的基础和临床研究证实，缺血的心肌再灌注时可引起一系列心脏不良事件，可以造成再灌注心律失常、心肌舒缩功能障碍、代谢异常及心肌超微结构的改变，从而部分地抵消了冠状动脉恢复供血对心脏产生的有益作用。如能有效地减轻缺血再灌注损伤，将进一步提高再灌注治疗效果，降低急性心肌梗死的死亡率，并提高患者的生活质量。因此，如何减轻心肌缺血再灌注损伤，提高急性心肌梗死再灌注治疗效果，是当前研究的热点之一。

关于心肌缺血再灌注损伤机制的研究较多，目前认为心肌缺血/再灌注损伤的发生与心肌细胞凋亡密切相关，但凋亡的触发机制尚未完全阐明，一般认为主要有以下两方面：一是氧自由基机制，缺血缺氧可使抗氧化酶失活或耗尽，从而使缺血缺氧心肌组织中产生大量氧自由基，氧自由基性质极不稳定，一旦形成几乎可以同细胞任何成分发生反应，与脂类反应可以破坏生物膜的通透性，与蛋白质反应可使酶失活，与 DNA 反应可使 DNA 链断裂，从而诱导细胞凋亡；二是钙超载机制，心肌缺血缺氧可使细胞质及线粒体内 Ca^{2+} 超载，从而使线粒体膜通透性增强，线粒体内含的致凋亡因子外流，直接引起细胞凋亡。此外，还有中性粒细胞浸润和内皮细胞功能紊乱等机制参与缺血再灌注损伤，造成心肌损伤或死亡。

随着心肌缺血再灌注损伤的研究不断深入，研究者发现，一些药物不是通过改变心肌组织的灌流量起作用，而是在细胞水平直接增强心肌细胞对缺血缺氧等内环境改变的抵抗力，从而保持细胞结构的完整和功能的正常，于是提出了心肌细胞保护的概念。辅酶 Q_{10} 作为体内生成的抗氧化剂，在生理和病理状态下具有清除过氧化物自由基、抗脂质过氧化、提高各种抗氧化酶活性的效能，是心肌细胞保护的首选药物之一。大量的研究表明，辅酶 Q_{10} 具有保护和调节心肌细胞抗损伤的作用，已被广泛用于高血压、心脏移植、冠状动脉硬化、缺血性疾病、充血性心力衰竭、病毒性心肌炎等一些心血管疾病的防治，并取得良好的临床效果。

尽管辅酶 Q_{10} 对减轻心肌细胞的缺血再灌注损伤的效果已被临床和基础研究所证实，但其心肌保护作用的机制尚未完全阐明。目前关于辅酶 Q_{10} 对心肌保护作用的研究大多是在体内组织中进行的，而在细胞水平上的研究十分少见，这主要是由于脂溶性的辅酶 Q_{10} 不能溶解在细胞的培养基中。作者制备的水溶性辅酶 Q_{10} 剂型满足体外研究的条件，为在细胞水平上探讨辅酶 Q_{10} 的心肌保护作用提供了平台。本节通过体外培养新生大鼠心肌细胞，建立心肌细胞缺氧/复氧（hypoxia/re-oxygenation，H/R）模型，在体外模拟心肌缺血再灌注损伤，探讨辅酶 Q_{10} 对损伤心肌细胞的保护作用及其作用机制，为辅酶 Q_{10} 在临床上应用于减轻心肌缺血再灌注损伤提供进一步的理论依据。

5.3.1　实验材料、仪器与动物

5.3.1.1　实验材料与仪器

DMEM 培养基　　　　　　　　　　　　美国 HyClone 公司

新生胎牛血清	美国 HyClone 公司
5-溴-2-脱氧核苷（5-BrdU）	上海华舜生物工程有限公司
胰蛋白酶	美国 Gibco 公司
MTT（噻唑蓝）	美国 Sigma 公司
EDTA	美国 Sigma 公司
台盼蓝	碧云天生物技术研究所
罗丹明 123（RH123）	美国 Invitrogen 公司
总蛋白质含量测定试剂盒	南京建成生物工程研究所
LDH 试剂盒	南京建成生物工程研究所
青霉素、链霉素	美国 HyClone 公司
0.9%的生理盐水	哈尔滨三联药业有限公司
超氧化物歧化酶（SOD）测定试剂盒	南京建成生物工程研究所
丙二醛（MDA）测定试剂盒	南京建成生物工程研究所
活性氧检测试剂盒	碧云天生物技术研究所
CO_2 培养箱	美国 SIM 公司
TS-100 倒置显微镜	日本 Nikon 公司
DL-CJ-ZN 生物洁净工作台	哈尔滨市东联电子技术开发有限公司
l-15K 高速冷冻离心机	德国 Sigma 公司
BS110 电子天平	美国 Sartorius 公司
DK-8D 型电热恒温热水槽	上海习仁科学仪器有限公司
一次性针头式滤器	美国 Pall Life Seiences 公司
Milli-Q 超纯水系统	美国 Millpore 公司
MDF-U32V 超低温冰箱	日本 SANYO 公司
PB-21 pH 计	美国 Sartorius 公司
Accu-jet 电动移液器	德国 Brand 公司
吉尔森移液器	法国 Gilson 公司
LDZX-40BI 型立式电热压力蒸汽灭菌器	上海申安医疗器械厂
SK-1 涡旋混匀器	江苏金坛荣华仪器制造有限公司
KZ20 金属浴	杭州蓝焰科技有限公司
EOS350D 数码相机	日本佳能公司
Stat Fax-3200 酶标仪	美国 AWAERENESS 公司
缺氧孵箱	赛默飞世尔科技公司
PAS 流式细胞仪	德国 PARTEC 公司

　　C1 型激光共聚焦显微镜　　　　　　　　　日本 Nikon 公司

5.3.1.2　实验动物

出生 1～3d 的 Wister 乳鼠。

5.3.2　实验方法

5.3.2.1　主要溶液的配制

1. 无血清 DMEM 的配制

DMEM 96ml，加入 HEPES、L-谷氨酰胺、抗生素液各 1ml，然后用 7.5% NaHCO$_3$ 调 pH 至 7.4 左右。

2. 含 10% 胎牛血清的 DMEM 培养液的配制

取胎牛血清 10ml，抗生素液（青霉素 10 000U/ml，链霉素 10 000U/ml）1ml，加入 DMEM 90ml，然后用 7.5% NaHCO$_3$ 调 pH 至 7.4 左右。

3. D-HanK's 缓冲液的配制

NaCl 8.0g，KCl 0.4g，KH$_2$PO$_4$ 0.06g，Na$_2$HPO$_4$·12H$_2$O 0.13g，NaHCO$_3$ 0.35g，加三蒸水 1000ml，混匀后用 NaHCO$_3$ 调 pH 至 7.4，高压除菌，250ml 盐水瓶分装，4℃保存。

4. PBS 缓冲液的配制

NaCl 8.0g，KCl 0.2g，KH$_2$PO$_4$ 0.2g，Na$_2$HPO$_4$·12H$_2$O 3.5g，加三蒸水至 1000ml 后混匀，调 pH 至 7.4；250ml 盐水瓶分装，高压除菌，4℃保存。

5. 0.125% 胰蛋白酶的配制

胰蛋白酶 0.125g，加入到无钙镁离子的平衡盐溶液（D-HanK's 或 PBS 缓冲液）100ml 中，磁力搅拌均匀使其完全溶解后，过滤除菌，分装入青霉素小瓶中，4℃保存备用。

6. 缺氧液的配制

NaCl 8.0g；KH$_2$PO$_4$ 0.2g；Na$_2$HPO$_4$·12H$_2$O 2.9g；KCl 20.2g；蒸馏水加至 1000ml，调 pH 至 6.5，高压高温消毒后备用。

5.3.2.2 新生大鼠心肌细胞的原代培养

乳鼠心肌细胞的培养参照以往文献的报道，取出生 1～3d 的 Wister 乳鼠 9 只，在 75% 的乙醇中浸泡 5min 后，在超净工作台内，开胸取出心脏，迅速放入装有 4℃ 预冷的 D-Hank's 缓冲液培养皿中，快速冲洗残留的血液。剪去心包膜等纤维组织、大血管和心房。用 DMEM 清洗两遍，将心室肌剪成 $1mm^3$ 大小的小组织块，加入 3ml 消化液（10mmol/L EDTA，0.08% 胰蛋白酶），37℃ 温浴 5～6min，轻轻吹打组织块，使松弛的细胞尽可能从组织块中脱落下来。把细胞悬液吸入培养瓶中。向培养瓶中加入含有 10% 胎牛血 DMEM 培养液混匀，以终止胰蛋白酶的消化作用。重复上述消化过程 5～8 次（弃去首次收集的细胞悬液），直至组织块基本消化完为止。收集消化后的细胞悬液 200 目滤网过滤后分装于 10ml 离心管中，1500r/ min 离心 10min。弃除上清液，加入适量 10% 胎牛血 DMEM 培养液将细胞沉淀混悬，制成细胞悬液，接种到 100ml 培养瓶的背面，置入 37℃、5%CO_2 孵箱培养。90min 后翻转培养瓶，以差速贴壁法去除成纤维细胞及其他杂质，纯化心肌细胞。前 36h 培养基中加入 5-溴脱氧核苷（BrdU，0.1mmol/L）以抑制非心肌细胞（主要是成纤维细胞）增殖。此后每 24h 时换液一次，当细胞铺满近瓶底 80%～90% 时进行实验。

5.3.2.3 缺氧/复氧（H/R）损伤模型的建立

取原代培养的心肌细胞，以 $1×10^6$ 个细胞/瓶密度接种于 6 个 25ml 的培养瓶中培养 24h，用 95% N_2、5% CO_2 饱和的缺氧液替换原培养液后，置于缺氧孵箱中（含 94% N_2、5% CO_2 及 1% O_2），于 37℃ 缺氧 3h。从缺氧孵箱中取出培养瓶，完成缺氧过程。用 PBS 液洗 3 次，换用 10% FCS 的 DMEM 完全培养基（即复氧液），放回正常孵箱中（37℃、95% 空气及 5% CO_2）继续培养，完成复氧损伤。

实验随机分为 6 组。A 组（对照组）：即正常培养条件下培养心肌细胞 6h。B 组：缺氧 3h/复氧 3h。C 组：缺氧 3h/复氧 6h。D 组：缺氧 3h/复氧 12h。E 组：缺氧 3h/复氧 24h。F 组：缺氧 3h/复氧 48h。采取台盼蓝排斥法检测各组细胞存活率：用 0.125% 的胰蛋白酶消化分离贴壁生长的细胞，制成单细胞悬液，然后将 2% 台盼蓝溶液与细胞悬液混合均匀（2∶1），滴入细胞计数板，3min 后于倒置相差显微镜下计数，未着色的为活细胞，呈蓝色的为死细胞，每次计数 100 个心肌细胞，任选 10 个视野，计算各组细胞存活率。重复 6 次（$n=6$），台盼蓝摄取率=蓝染细胞/（蓝染细胞+未蓝染细胞）×100%，细胞存活率=100%–台盼蓝摄取率，每组平行选不同视野计数 3 次。通过细胞存活率指标，选取适合的复氧时间，建立缺氧/复氧损伤模型。

5.3.2.4　实验分组

将原代培养的心肌细胞接种（1×10^6 个细胞/瓶）于 4 个 25ml 的培养瓶中，培养 24h 后，随机分为以下 4 组。①正常对照组：不经缺氧/复氧损伤处理，正常培养条件下的心肌细胞。②H/R 模型组：心肌细胞经缺氧处理 3h 后，再经复氧处理 24h。③低剂量辅酶 Q_{10} 组：在心肌细胞中加入 50nmol/ml 剂量的辅酶 Q_{10} 培养 48h 后，再经 H/R 模型组的方法处理。④高剂量辅酶 Q_{10} 组：在心肌细胞中加入 200nmol/ml 剂量的辅酶 Q_{10} 培养 48h 后，再经 H/R 模型组的方法处理。

5.3.2.5　MTT 法的细胞存活率

将原代培养的心肌细胞悬液以 1×10^6 个细胞/ml 接种到 96 孔细胞培养板，每孔 100μl，培养 24h 后，按 5.3.2.4 的方法进行分组及处理，每孔加入 10μl MTT（5mg/ml），置 37℃、5% CO_2 的培养箱作用 4h，小心吸出细胞上清液，加入 150μl DMSO 裂解，置微量振荡器振荡 10min，待孔内颗粒完全溶解后，在酶联免疫仪上于 490nm 波长处测定各孔吸光度（OD）值。细胞存活率=实验组 OD 值/对照组 OD 值×100%，每组平行实验 6 次。

5.3.2.6　心肌细胞活性氧水平检测

将原代培养的心肌细胞悬液以 1×10^6 个细胞/ml 接种到 6 孔细胞培养板，每孔 4ml，培养 24h 后，按 5.3.2.4 的方法进行分组及处理，然后用 0.25%胰酶消化收集细胞，按碧云天生物技术研究所提供的试剂盒给出的方法，检测各组心肌细胞中活性氧的水平。操作方法如下：按照 1∶1000 用无血清培养液稀释 DCFH-DA，使终浓度为 10μmol/L。细胞收集后悬浮于稀释好的 DCFH-DA 中，37℃细胞培养箱内孵育 20min。每隔 3～5min 颠倒混匀一下，使探针和细胞充分接触。用无血清细胞培养液洗涤细胞 3 次，以充分去除未进入细胞内的 DCFH-DA。使用流式细胞仪（488nm 激发波长，525nm 发射波长）检测各组心肌细胞荧光的强弱。

5.3.2.7　心肌细胞 LDH 的测定

将原代培养的心肌细胞悬液以 1×10^6 个细胞/ml 接种到 24 孔细胞培养板，每孔 1ml，培养 24h 后，按 5.3.2.4 的方法进行分组及处理，收集每孔培养液，按南京建成生物工程研究所提供的试剂盒给出的方法测定，操作过程详见表

5-4，并计算心肌细胞中 LDH 的活性。

表 5-4 LDH 活力测定
Tab. 5-4 LDH activity assay

试剂/ml	标准管	标准空白管	测定管	测定空白管
2μmol/ml 丙酮酸	a*			
蒸馏水	0.05	0.05+a*		0.05
样品			a*	a*
基质缓冲液	0.25	0.25	0.25	0.25
辅酶 I 溶液			0.05	
37℃水浴准确反应 15min				
2,4-二硝基苯肼	0.25	0.25	0.25	0.25
37℃水浴准确反应 15min				
0.4mol/L NaOH	2.5	2.5	2.5	2.5

注：a*表示所取的样品量、标准品量、丙酮酸的量均相等

$$\text{LDH 活力（U/ml）}=（测定管 OD 值-测定空白管 OD 值）\times$$
$$A^* \times 测试前样稀释倍数/样品量 \tag{5-4}$$

式中，A^* 为 0.380

5.3.2.8 心肌细胞 SOD、MDA 的测定

将原代培养的心肌细胞悬液以 1×10^6 个细胞/ml 接种到 24 孔细胞培养板，每孔 1ml，培养 24h 后，按 5.3.2.4 的方法进行分组及处理，然后用 0.25%胰酶消化收集细胞，按南京建成生物工程研究所提供的试剂盒给出的方法，测定并计算心肌细胞中总蛋白质的含量，操作过程详见表 5-5，测定心肌细胞中 SOD 的活性和 MDA 的含量操作过程详见 5.2.2.4 和 5.2.2.5。

表 5-5 总蛋白质含量的测定
Tab. 5-5 Total protein assay

试剂	空白管	标准管	测定管
蒸馏水/ml	0.05		
0.563g/L 标准液/ml		0.05	
样品/ml			0.05
考马斯亮蓝显色剂/ml	3	3	3

混匀，静置 10min，于 595nm 处、1cm 光径、蒸馏水调零条件下，测各管吸光度值。对总蛋白质含量按以下公式计算：

$$蛋白质含量（mg/ml）=\frac{测定管OD值-空白管OD值}{标准管OD值-空白管OD值}\times标准管浓度（mg/ml） \tag{5-5}$$

$$SOD活力（U/mg蛋白质）=\frac{对照管OD值-测定管OD值}{对照管OD值}÷50\%× \tag{5-6}$$

反应体系的稀释倍数×样本测试前的稀释倍数÷蛋白质浓度

$$MDA含量（nmol/mg蛋白质）=\frac{测定管OD值-测定空白管OD值}{标准管OD值-标准空白管OD值}× \tag{5-7}$$

标准品浓度（10 nmol/ml）×样本测试前稀释倍数÷蛋白质浓度

5.3.2.9　激光共聚焦显微镜观察线粒体膜电位

将原代培养的心肌细胞悬液以 $1×10^6$ 个细胞/ml 接种到 6 孔细胞培养板，每孔 4ml，培养 24h 后，按 5.2.4.3 的方法进行分组及处理，最后移去培养液，用 PBS 将细胞洗一遍，加入终浓度为 1μg/ml 罗丹明 123（Rh123），37℃共同孵育 30min 后，PBS 洗细胞 2 次，再用 PBS 重悬细胞，激光共聚焦显微镜（激发光波波长 488nm、发射光波波长 515nm）观察 Rh123 在细胞内的分布情况和荧光强度变化。

5.3.2.10　流式细胞仪测定细胞凋亡率

将原代培养的心肌细胞悬液以 $1×10^6$ 个细胞/ml 接种到 6 孔细胞培养板，每孔 4ml，培养 24h 后，按 5.2.4.3 的方法进行分组及处理，然后用 0.25%胰酶消化收集细胞，应用 Annexin-V 及 PI 双标试剂盒分析细胞凋亡情况。操作方法如下：收集的细胞用冷 PBS 洗涤 2 次，3000g 离心 5min 去除 PBS，用试剂盒中的混合缓冲液重悬，调整细胞的密度变为 $2×10^5$ 个细胞/ml。取 195μl 细胞悬液并加 5μl Annexin-V-FITC 至 1.5ml 离心管中，轻轻吹打均匀，在室温孵育 10min，细胞孵育后，细胞被 3000g 离心 5min 收集，冷 PBS 洗涤 1 次后，3000g 离心 5min 去除 PBS，用试剂盒中的 190μl 混合缓冲液重悬，加入 10μl 20μg/ml PI，轻轻混匀细胞，室温暗处孵育 5min。流式细胞仪检测 10 000 个细胞，记数位于凋亡区内的细胞数量，得到凋亡细胞百分率。

5.3.2.11　统计学分析

数据用均数±标准误差（mean±S.D.）表示。采用单因素方差分析（ANOVA）对各组数据进行比较，方差分析使用 SPSS 13.0 软件分析，$P<0.05$ 被认为具有显著性差异。

5.3.3　结果与讨论

5.3.3.1　新生大鼠心肌细胞的原代培养

采用倒置相差显微镜，对本方法培养的原代心肌细胞进行观察可见：刚接种时，心肌细胞呈分散的圆形，悬浮于培养液中，培养 12h 后，心肌细胞贴壁生长，由圆形变为梭形或多角形，部分细胞有伪足伸出，偶见个别细胞自发性搏动（图 5-6A）；培养 24h 后，贴壁细胞出现互相连接，可见缓慢的同步化搏动（图 5-6B）；培养 48h 后，心肌细胞逐渐形成单层心肌细胞，快速同步化搏动的细胞增多（图 5-6C）；培养 72h 后，心肌细胞充分伸展，出现自发性节律性搏动，视野心肌细胞搏动率大于 70%，胞质颜色较深，有颗粒样物质（图 5-6D）。

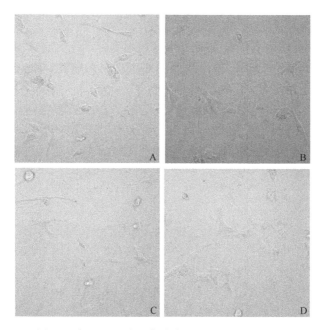

图 5-6　倒置显微镜观察培养的心肌细胞（×200）
Fig. 5-6　Optical micrographs of cultured myocardial cells（×200）
A. 培养 12h；B. 培养 24h；C. 培养 48h；D. 培养 72h

　　心肌细胞培养是在体外条件下，人为模拟体内生理环境，使心肌细胞得以生长与繁殖，因此，其影响因素较多。常见的问题有鼠龄的选择、消化液的选择、消化的时间与次数、贴壁时间等，这些都对心肌细胞的生长及状态有较大影响。自 1960 年 Harary 等首次对 Wister 乳鼠的心肌细胞进行分离培养以来，国内外许多学者对心肌细胞的原代培养方法不断地进行研究，但仍存在细胞存活率低、心肌细胞维持自发性节律搏动时间短等缺陷。

　　本研究参照 Hwang 等的培养方法，并对培养方法中的消化液做了部分改良。单纯应用胰蛋白酶对心肌细胞的存活有极大的负面影响，因为胰酶的消化作用较强，易损伤心肌细胞，导致其失去贴壁能力。EDTA 是一种化学螯合剂，毒副作用小且对细胞具有一定的离散作用，所以本实验选用胰蛋白酶与 EDTA 组合的消化液，降低消化过程中心肌细胞的损伤，提高了细胞的存活率。但本方法也有不足之处，即在长时间培养时（超过 6d），心肌细胞自发性节律搏动逐渐丧失，若克服这一问题，需要对心肌细胞生长的环境，作深入的探讨和实践。

5.3.3.2 缺氧/复氧（H/R）损伤模型

心肌细胞的活性以其培养细胞的存活率表示。选用台盼蓝染色法进行细胞存活率测定，实验前各组细胞存活率平均达到（96.4±2.2）%，大于 95%，达到细胞学实验研究条件要求。实验结束时，正常组细胞存活率为（97.2±1.4）%，复氧 3h 组为（89.8±2.1）%，复氧 12h 组为（64.6±4.7）%，复氧 24h 组为（48.5±2.9）%（$P<0.05$），复氧 48h 组为（42.3±3.4）%（$P<0.05$），随着复氧时间的延长，台盼蓝摄取率逐渐增加，说明缺氧/复氧引起了心肌细胞存活率的下降，复氧 24h 后下降比较显著，而复氧 48h 与复氧 24h 细胞存活率的差别不明显（图 5-7）。所以，选取心肌细胞经 3h 缺氧/24h 复氧的方法，构建原代培养心肌细胞的缺氧/复氧损伤模型。

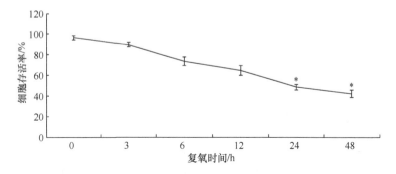

图 5-7　不同复氧时间条件下心肌细胞的存活率

Fig. 5-7　Viability of myocardial cells at different re-oxygenation time

数据用均数±标准误差（mean±S.D.）表示（$n=6$）。*$P<0.05$ 被认为与正常对照组相比具有显著性差异

5.3.3.3 各组心肌细胞存活率测定

培养的心肌细胞分为对照组（正常培养）、H/R 组（缺氧 3h/复氧 24h）、辅酶 Q_{10} 低剂量组（H/R 处理前，加入 50nmol/ml 辅酶 Q_{10} 作用 48h）、辅酶 Q_{10} 高剂量组（H/R 处理前，加入 200nmol/ml 辅酶 Q_{10} 作用 48h），采用 MTT 法测定各组细胞存活率（对照组被认为 100%）。结果发现：H/R 组细胞存活率为（46.9±6.2）%（$P<0.05$），辅酶 Q_{10} 低剂量组为（68.5±5.8）%（$P>0.05$），辅酶 Q_{10} 高剂量组为（83.4±4.7）%（$P>0.05$）（图 5-8）。辅酶 Q_{10} 能够有效抑制

H/R 诱导的心肌细胞损伤，并且随着浓度的增加，心肌细胞的存活率升高。

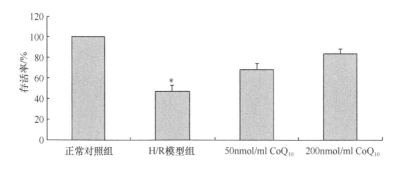

图 5-8　各实验组心肌细胞的存活率
Fig. 5-8　Viability of myocardial cell groups
数据用均数±标准误差（mean±S.D.）表示（$n=6$）。*$P<0.05$ 被认为与正常对照组相比具有显著性差异

台盼蓝排斥法和 MTT 比色法是目前检测细胞存活率最常用的两种方法，本研究采用这两种方法分别对 H/R 模型组心肌细胞的存活率进行了测定，台盼蓝排斥法得到的细胞存活率为（48.5±2.9）%，而 MTT 法测定的细胞存活率为（46.9±6.2）%。噻唑蓝可在活细胞的线粒体中被脱氢酶还原成紫色的甲瓒，此时只有具有代谢能力的活细胞才能产生这种反应，而死亡或凋亡细胞（线粒体受损）则没有这种能力。可被台盼蓝染成蓝色的细胞，是膜的完整性丧失、通透性增加的死细胞，但是凋亡早期的细胞膜通透性尚未发生明显改变，因此表现为台盼蓝拒染。所以，MTT 比色法检测出的细胞存活率略低于台盼蓝排斥法。本研究中这两种方法检测 H/R 模型组心肌细胞存活率的结果差异不大，相比较而言，台盼蓝排斥法直观、方便，能够较快地得到实验数据，而 MTT 比色法更为客观、灵敏。因此，对测定细胞存活率而言，可以根据实验需求选择适合的检测方法。

5.3.3.4　各组心肌细胞中活性氧水平

采用活性氧检测试剂盒，在流式细胞仪上检测各组心肌细胞的活性氧水平（R1 代表低活性氧水平的心肌细胞区，R2 代表高活性氧水平的心肌细胞区，R1+R2=100%）。结果发现：正常对照组的活性氧水平较低，心肌细胞几乎全部处于 R1 区（图 5-9A），H/R 组细胞活性氧的水平较高，95.1%的心肌细胞处于 R2区，仅有 4.9%的细胞处于 R1 区（图 5-9B），说明在缺氧/复氧的过程中，心肌细胞中有大量的活性氧生成。辅酶 Q_{10} 低剂量组与 H/R 组相比，细胞内活性氧的水平有所降低，R2 区细胞数量减少至 83.8%（图 5-9C）。辅酶 Q_{10} 高剂量组与低剂量组相比，细胞内活性氧的水平进一步降低，R2 区细胞数量下降至 78.6%

（图 5-9D）。辅酶 Q_{10} 能够清除机体内过多的活性氧，但是这种作用效果并不明显，表现为辅酶 Q_{10} 低剂量组和高剂量组与 H/R 组相比，均无显著性差异（$P>0.05$）。

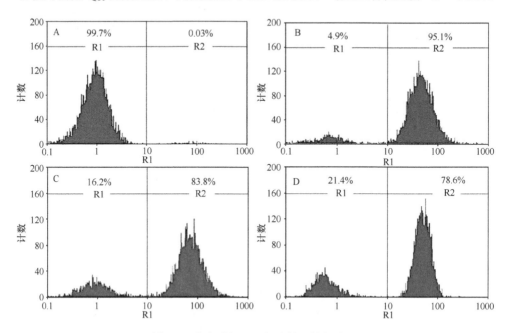

图 5-9　各实验组心肌细胞的活性氧水平

Fig. 5-9　ROS levels of myocardial cell groups

A. 正常对照组；B. H/R 模型组；C. 低浓度（50nmol/ml）CoQ_{10} 组；D. 高浓度（200nmol/ml）CoQ_{10} 组

　　活性氧检测试剂盒（reactive oxygen species assay kit）是利用荧光探针 DCFH-DA 进行活性氧检测的。DCFH-DA 本身没有荧光，可以自由穿过细胞膜，进入细胞内后，可以被细胞内的酯酶水解生成 DCFH。而 DCFH 不能通过细胞膜，从而使探针很容易被装载到细胞内。细胞内的活性氧可以氧化无荧光的 DCFH 生成有荧光的 DCF。检测 DCF 的荧光就可以知道细胞内活性氧的水平。有研究证实在体内的心肌缺血再灌注期间存在一个"自由基爆发"现象。在这些研究中用对氧化剂敏感的荧光探针可以观察到荧光主要集中于再灌注最初几分钟，从而证实"自由基爆发"主要发生在再灌注最初几分钟。本实验在体外细胞水平上，证实在缺氧/复氧期间也存在一个自由基骤然升高的现象，并且在一段时间里（＞24h）心肌细胞处于较高的活性氧水平。

5.3.3.5　各组心肌细胞中 LDH 活性

　　乳酸脱氢酶（LDH）能催化乳酸生成丙酮酸，同时还原 NAD^+ 为 NADH。

LDH 的活性可以通过监测 340nm 波长处 NADH 吸光度而获得。采用 LDH 试剂盒测定各组心肌细胞培养液中 LDH 的活性（图 5-10）。正常对照组心肌细胞培养基中 LDH 的水平较低（0.89±0.16）U/ml，而 H/R 组心肌细胞培养基中 LDH 的活性为（2.02±0.37）U/ml，与对照组比较显著升高（$P<0.05$），辅酶 Q_{10} 低剂量组为（1.68±0.33）U/ml（$P>0.05$），辅酶 Q_{10} 高剂量组为（1.44±0.28）U/ml（$P>0.05$）。在正常情况下，心肌酶不能漏出细胞，当心肌细胞受损后，细胞代谢受到抑制，乳酸等酸性代谢产物堆积，pH 降低，易使细胞膜通透性增加或破损，导致心肌细胞变性坏死，细胞内 LDH 通过破损细胞膜释放出来，这可能是导致培养上清液中的 LDH 活性升高的原因，LDH 活性越高，表明心肌细胞受损越严重。在以往的体内研究中发现，缺血/再灌注后，心肌存活率下降，并且 LDH 增高。本实验中以从心肌细胞的 LDH 漏出量，衡量心肌细胞的受损程度，结果表明，缺氧/复氧可造成心肌细胞膜通透性增加，LDH 从心肌细胞释放到培养液中，辅酶 Q_{10} 能够减少 LDH 漏出量，说明辅酶 Q_{10} 减轻了缺氧/复氧造成的心肌细胞损伤。

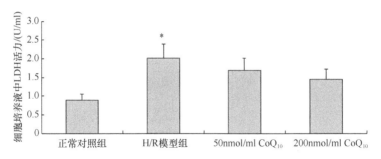

图 5-10　各实验组心肌细胞培养液中 LDH 的活力
Fig. 5-10　LDH activity of myocardial cell groups
*与对照组比较，$P<0.05$

5.3.3.6　各组心肌细胞中 SOD 活性及 MDA 含量

采用 SOD 试剂盒测定各组心肌细胞中 SOD 的活性。如图 5-11 所示，正常对照组心肌细胞中 SOD 的活性较高 [（592.4±66.5）U/mg 蛋白质]，与对照组比较，H/R 组中 SOD 的活性 [（378.3±65.4）U/mg 蛋白质] 没有明显变化（$P>0.05$），与 H/R 组比较，辅酶 Q_{10} 低剂量组 [（475.6±59.6）U/mg 蛋白质] 和高剂量组中 SOD 的活性 [（523.8±63.4）U/mg 蛋白质] 没有显著的差异（$P>0.05$）。

采用 MDA 试剂盒测定各组心肌细胞中 MDA 的含量（图 5-12）。正常对照组心肌细胞中 MDA 的水平较低 [（3.15±0.49）mmol/g 蛋白质]，与对照组比较，

H/R 组中 MDA 的含量［（6.89±0.63）mmol/g 蛋白质］显著升高（$P<0.05$），辅酶 Q_{10} 低剂量组为（5.68±0.51）mmol/g 蛋白质（$P>0.05$），辅酶 Q_{10} 高剂量组为（4.27±0.46）mmol/g 蛋白质（$P>0.05$）。

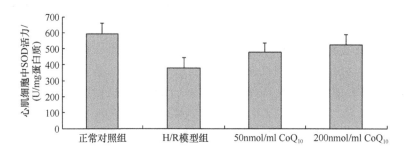

图 5-11　各实验组心肌细胞中 SOD 的活力
Fig. 5-11　SOD activity of myocardial cell groups

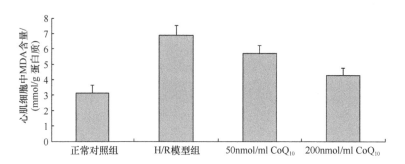

图 5-12　各实验组心肌细胞中 MDA 的含量
Fig. 5-12　MDA content of myocardial cell groups

　　在正常情况下，氧自由基可以被机体的抗氧化酶清除系统所清除。心肌缺血时，由于心肌内抗氧化酶活性降低，氧自由基大量堆积，再灌注后，分子氧重新进入心肌组织中，氧自由基水平更急剧上升，氧自由基能引发脂质过氧化作用，形成脂质过氧化物丙二醛（MDA），其含量和脂质过氧化反应平行。MDA 水平升高易使心肌细胞受损，故检测 MDA 可以反映心肌细胞内脂质过氧化的程度，间接地反映心肌细胞受自由基攻击的严重程度。超氧化物歧化酶 SOD 是机体的抗氧化酶之一，存在于线粒体基质内，能清除脂质过氧化物，降低脂质过氧化形成，从而保护细胞免受氧自由基的损伤。本研究显示，缺氧/复氧损伤后 SOD 活性下降，而 MDA 含量则升高，辅酶 Q_{10} 能够显著降低细胞中 MDA 含量，维持了细胞膜的结构和功能，减轻了心肌细胞损害程度，但对细胞中 SOD 活力提高不明显。

5.3.3.7　各组心肌细胞中线粒体膜电位变化

罗丹明 123 是一种脂溶性的荧光染料，自由透过质膜进入细胞后，主要与线粒体结合，荧光在细胞内的分布与线粒体位置一致。培养心肌细胞分为对照组（正常培养）、H/R 组（缺氧 3h/复氧 24h）、辅酶 Q_{10} 低剂量组（H/R 处理前，加入 50nmol/ml 辅酶 Q_{10}）、辅酶 Q_{10} 高剂量组（H/R 处理前，加入 200nmol/ml 辅酶 Q_{10}），激光共聚焦分析各组荧光强度。结果发现，对照组心肌细胞线粒体膜电位较高，其线粒体荧光强度较强（图 5-13A）。H/R 组心肌细胞线粒体膜电位降低最明显，表现为线粒体荧光强度最弱（图 5-13B），并且视野内的细胞数量较正常组明显减少。辅酶 Q_{10} 能够有效抑制 H/R 组线粒体内膜电位的下降，并且随着浓度的增加，线粒体内膜电位逐渐升高，线粒体荧光强度逐渐增强，并且视野内的细胞数量较 H/R 组明显增多，辅酶 Q_{10} 高剂量组的线粒体荧光强度已经接近对照组（图 5-13C、D）。

线粒体是真核细胞中最大的细胞器，是细胞有氧代谢的主要场所，是细胞发生凋亡或死亡的决定因素，其功能受损细胞能量耗竭和死亡。线粒体膜电位反映了线粒体内膜的结构情况，心肌细胞缺氧/复氧损伤之后，线粒体膜电位下降，表明细胞内膜结构发生改变，膜通透性增加。本研究采用罗丹明 123 作为线粒体跨膜电位的指示剂，由于罗丹明 123 带阳离子，因此当线粒体膜电位存在的时候就会聚集到线粒体上，而当膜电位下降的时候，聚集的罗丹明 123 就减少，从而发光强度降低。结果表明：在缺氧/复氧条件下，线粒体膜电位下降，而辅酶 Q_{10} 能够显著减轻缺氧/复氧引起的心肌细胞线粒体膜电位下降，从而减轻心肌细胞损伤，提高心肌细胞的存活率。

5.3.3.8　各组心肌细胞的凋亡率

培养心肌细胞分为对照组（正常培养）、H/R 组（缺氧 3h/复氧 24h）、辅酶 Q_{10} 低剂量组（H/R 处理前，加入 50nmol/ml 辅酶 Q_{10}）、辅酶 Q_{10} 高剂量组（H/R 处理前，加入 200nmol/ml 辅酶 Q_{10}），流式细胞仪检测各组细胞凋亡情况。结果发现，对照组心肌细胞只有极少数心肌细胞出现凋亡（图 5-14A），H/R 处理后，心肌细胞凋亡比例达到 44.64%（图 5-14B），辅酶 Q_{10} 能够有效减少 H/R 处理导致的心肌细胞凋亡，并且随着浓度的增加，心肌细胞凋亡比率逐渐减少，辅酶 Q_{10} 高剂量组的心肌细胞凋亡率仅为 14.74%（图 5-14C、D）。以往文献报道，在缺氧/复氧条件下，氧自由基攻击的靶器官是线粒体，引起线粒体膜电位

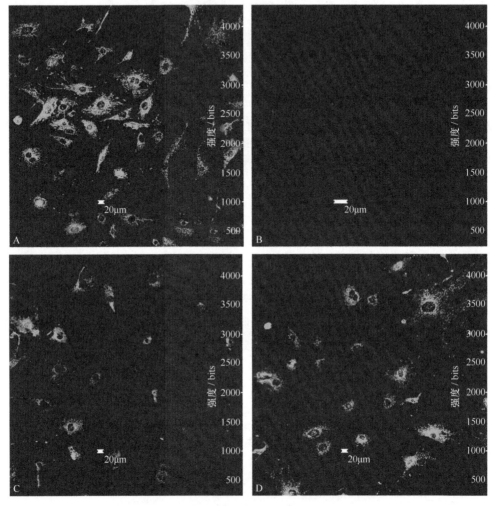

图 5-13　激光共聚焦显微镜观察各组心肌细胞的线粒体膜电位

Fig. 5-13　Laser confocal microscopy of myocardial cell mitochondrial membrane potential

A. 正常对照组；B. H/R 模型组；C. 低浓度 CoQ_{10} 组（50nmol/ml）；D. 高浓度 CoQ_{10} 组（200nmol/ml）

的下降，外膜破裂，细胞色素 C 等促凋亡物质释放入胞质，激活线粒体途径凋亡。作者的实验结果显示，辅酶 Q_{10} 能够显著抑制心肌细胞的凋亡，其机制可能是辅酶 Q_{10} 发挥其抗脂质过氧化功能，减轻心肌细胞的脂质过氧化效应，抑制了线粒体膜电位下降，维持了细胞膜的结构和功能，从而阻止了细胞色素 C 等促凋亡物质的释放，减少了心肌细胞的凋亡比率。

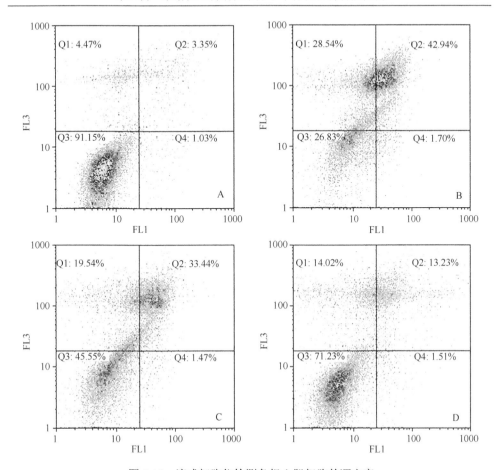

图 5-14　流式细胞仪检测各组心肌细胞的凋亡率
Fig. 5-14　Detection of myocardial cell apoptosis by flow cytometry
A. 正常对照组；B. H/R 模型组；C. 低浓度 CoQ$_{10}$组（50nmol/ml）；D. 高浓度 CoQ$_{10}$组（200nmol/ml）

5.4　辅酶 Q$_{10}$ 纳米粒在大鼠体内的生物利用度研究

　　由于辅酶 Q$_{10}$ 具有天然、无毒的性质，它的用途已趋向于临床和治疗方面。在早期的临床试验中，把辅酶 Q$_{10}$ 当作标准治疗药物的辅助手段，大量的研究已经证实，辅酶 Q$_{10}$ 补充剂的使用有益于心血管疾病的治疗。近年来，辅酶 Q$_{10}$ 作为神经退化性疾病的治疗剂已通过测试，如帕金森病、亨廷顿病和线粒体肌病。然而，目前绝大多数在市场上销售的辅酶 Q$_{10}$ 产品，口服吸收效率较差，生物利用度普遍较低，这主要是辅酶 Q$_{10}$ 自身极差的水溶性所导致的。由于辅酶 Q$_{10}$ 产品的口服生物利用度低，其活性药物成分不能在预期的时间段内释放并被吸收到作用部位，从而在作用部位达不到预期的有效浓度。

在以往的研究中，为了克服水溶性的问题，研究者合成了一些辅酶 Q_{10} 的衍生物。这些衍生物可以增强辅酶 Q_{10} 在产品中的稳定性，但他们没有发现生物利用度的提高。随后，研究者又陆续开发了一些辅酶 Q_{10} 的新型载药系统，包括脂质体、纳米结构载体、高分子聚合物纳米粒子、固体分散系和自乳化给药系统。虽然一些载药系统确实能够提高辅酶 Q_{10} 的口服生物利用度，但是这些载药系统都被限制在临床阶段，因为它们都是在使用可生物降解的聚合物材料包合辅酶 Q_{10} 的基础上研发的，而可生物降解聚合物对人体健康的影响仍不清楚。因此，需要开发一种既能够提高口服生物利用度，又没有潜在毒副作用的辅酶 Q_{10} 新剂型。

胃肠道在摄取药物颗粒的过程中存在大小依赖的现象，较小颗粒（100nm以下）的摄取量是较大颗粒（500nm～10μm）的 10～250 倍。因此，在不使用任何助溶剂的前提下，尽可能地减小辅酶 Q_{10} 的粒径，将是开发新剂型的一种有效方法。RESS 微粉化得到的辅酶 Q_{10} 纳米粒，没有潜在毒副作用的风险，并且粒径小、溶解度高。本节采用高效液相色谱法，以辅酶 Q_{10} 原粉为标准参比制剂，对辅酶 Q_{10} 纳米粒在大鼠体内的相对生物利用度进行了研究，为临床用药提供参考依据。

5.4.1　实验材料、仪器与动物

5.4.1.1　实验材料与仪器

Wistar 大鼠 [（250±25）g]	中国科学院上海实验动物中心
色谱级甲醇、乙醇	天津科密欧化学试剂开发中心
0.9%的生理盐水	哈尔滨三联药业有限公司
正己烷（分析纯）	天津市东丽区天大化工试剂厂
肝素	Sigma 公司
辅酶 Q_9	Sigma 公司
辅酶 Q_{10}	开鲁县昶辉生物技术公司
Milli-Q 超纯水仪	美国 Millpore 公司
DL-CJ-ZN 生物洁净工作台	哈尔滨市东联电子技术开发有限公司
l-15K 高速冷冻离心机	德国 Sigma 公司
BS110 电子天平	美国 Sartorius 公司
DK-SD 型电热恒温热水槽	上海森信实验仪器有限公司

超低温冰箱	日本 SANYO 公司
吉尔森移液器	法国 Gilson 公司
SK-I 涡旋混匀器	江苏金坛荣华仪器制造有限公司
1100 高效液相	加拿大安捷伦公司

5.4.1.2　实验动物

Wistar 大鼠，体重 200～250g，由哈尔滨医科大学附属肿瘤医院实验动物中心提供。大鼠在温度为（22±2）℃及相对湿度为（50±5）%的环境中饲养，并处以 12h/12h 的光照及黑暗环境循环。实验前，所有大鼠均适应环境 1 周，实验期间每天观察动物的外观、体征、行为活动等，每周记录体重 2 次，自由进食和饮水。

5.4.2　实验方法

5.4.2.1　实验设计与血样收集

12 只 Wistar 大鼠随机分为 2 组，每组 6 只。一组先服用辅酶 Q_{10} 纳米粒，后服用辅酶 Q_{10} 原粉；另一组先服用辅酶 Q_{10} 原粉，后服用辅酶 Q_{10} 纳米粒。两顺序间清洗期为 2 周。受试大鼠在空腹 12h 后，按 50mg/kg 剂量辅酶 Q_{10} 原粉或辅酶 Q_{10} 纳米粒灌胃给药。在每个时间点（0.25h、0.5h、1h、2h、3h、4h、6h、8h、10h、12h），从大鼠眼眶后静脉丛收集 400μl 血样，每个收集的血样保存在含有微量肝素的 0.6ml 的离心管中，收集完立刻轻轻正反颠倒以确保抗凝剂肝素的完全混匀。所有血样分析前均在-20℃保存。

5.4.2.2　血样中辅酶 Q_{10} 含量的测定

400μl 血样移至 1.5ml 离心管中，涡旋振荡 3min。振荡完毕后 3000r/min 离心 10min，上层的有机溶剂层大约 200μl，用移液器转移到另一个新的 1.5ml 离心管中，加入 10μl 辅酶 Q_9（50μg/ml）作为内标。上层再加入 400μl 乙醇振荡 1min，然后加入 5ml 正己烷再振荡 5min。振荡完毕后 3000r/min 离心 10min，上层的有机溶剂层用移液器转移到一个新的 1.5ml 离心管中。上层的有机溶剂层在氮气的保护下蒸干，干燥的残渣用 200μl 流动相涡旋振荡 3min 溶解，12 000r/min 离心 5min，得上清液。高效液相使用下列参数：流动相为色谱级甲醇和含 1% 甲酸的乙醇（10∶90，V/V），高压液相总运行时间为 15min，流速为 1ml/min，柱温为 20℃。

5.4.2.3　分析方法的建立和确认

建立可靠的和可重现的定量分析方法是进行生物利用度研究的关键之一。辅酶 Q_{10} 是动物体内源性物质，并且浓度水平存在较大的个体化差异，不宜采用空白血浆建立分析方法。因此本实验采用代血浆（4%牛血清白蛋白）作为基质建立分析方法并进行方法的确认。为了保证分析方法可靠，必须对方法进行充分验证，一般应进行以下几方面的考察。

1. 特异性

特异性是指样品中存在干扰成分的情况下，分析方法能够准确、专一地测定分析物的能力。用空白代血浆、含辅酶 Q_{10}（50ng/ml）的代血浆、含辅酶 Q_{10}（50ng/ml）和辅酶 Q_9（50ng/ml）的代血浆、按 50mg/kg 剂量辅酶 Q_{10} 纳米粒灌胃 1h 后的血浆样品，分别进行 HPLC 分析。

2. 标准曲线

标准溶液的配制是加入 20μl 浓度为 0.1μg/ml、0.5μg/ml、1.0μg/ml、2.0μg/ml、4.0μg/ml、10μg/ml 的辅酶 Q_{10} 和 10μl 浓度为 50μg/ml 的内标（辅酶 Q_9）到 0.2ml 空白代血浆中。产生的相应标准血药浓度为 10ng/ml、50ng/ml、100ng/ml、200ng/ml、400ng/ml、1000ng/ml，具体的提取方法如第四章 4.3.2 描述。辅酶 Q_{10} 的峰面积比上内标的峰面积与相应浓度制作标准曲线，并计算回归方程和相关系数。

3. 最低定量限（LLOQ）

最低定量限是标准曲线上的最低浓度点，表示测定样品中的最低药物浓度。LLOQ 的评估是由加入最低标准浓度的辅酶 Q_{10} 到 5 个不同配制的空白代血浆中，这 5 个浓度值精密度在 20%以内，而准确度在 80%～120%。

4. 提取回收率

20μl 浓度分别为 0.1mg/ml、4.0mg/ml、10.0mg/ml 的辅酶 Q_{10} 加入到 0.2ml 空白代血浆形成 10ng/ml、400ng/ml、1000ng/ml 的血药浓度。内标辅酶 Q_9 用 1000ng/ml 的血药浓度进行评估。血样的处理过程如 5.4.2.2 描述。绝对回收率的计算用相应浓度的辅酶 Q_{10}、辅酶 Q_9 按照 5.4.2.2 描述方法测定的峰面积与直接测定该浓度峰面积的比值来计算。测量 3 次取平均值。

5. 精密度和准确度

用相同的标准曲线得到 1 日内 6 个不同浓度的质控样品来计算日内差的精密度和准确度，日间差是用不同日期 5 个样品来计算得到精密度和准确度，每个日期用当天的标准曲线。精密度是指在确定的分析条件下，相同浓度样品的一系列测量值的分散程度。采用日内和日间 RSD（相对标准偏差）来考察方法的精密度。准确度是指在确定的分析条件下，测得的生物样品浓度与真实浓度的接近程度，重复测定已知浓度分析物样品可获得准确度。采用日内和日间 RE（相对误差）来考察方法的精确度。

6. 稳定性评估

样品稳定性主要考察冷冻稳定性、冻融稳定性。含 400ng/ml 辅酶 Q_{10} 代血浆分别冷冻于–20℃，1d、2d、3d、7d、10d 冻融后测定冷冻稳定性。冻融稳定性主要考察在 5 个冻融反复循环过程后样品中含有的含 400ng/ml 辅酶 Q_{10} 的含量变化。

5.4.2.4　统计学分析

数据用均数±标准误差（mean±S.D.）表示。采用单因素方差分析（ANOVA）对辅酶 Q_{10} 原粉和辅酶 Q_{10} 纳米粒的药代动力学参数进行比较，方差分析使用 SPSS 13.0 软件分析，$P < 0.05$ 被认为具有显著性差异。主要测量参数 C_{max} 和 T_{max} 均以实测值表示。AUC_{0-12h} 以梯形法计算，$t_{1/2}$ 用公式 $t_{1/2} = 0.693 / \lambda z$ 计算（λz 系对数血药浓度-时间曲线末端直线部分求得的末端消除速率常数，可用对数血药浓度-时间曲线末端直线部分的斜率求得）。以受试制剂（T）和参比制剂（R）的 AUC_{0-t} 按下式计算其相对生物利用度（F）值：$F = AUCT / AUCR × 100\%$。

5.4.3　结果与讨论

5.4.3.1　分析方法的确认结果

1. 特异性

辅酶 Q_{10} 和辅酶 Q_9 保留时间分别为 8.52min 和 7.03min，大鼠血浆中没有明显的内源性物质的保留时间与辅酶 Q_{10} 和辅酶 Q_9 保留时间接近（图 5-15），说明该方法的专属性较好。

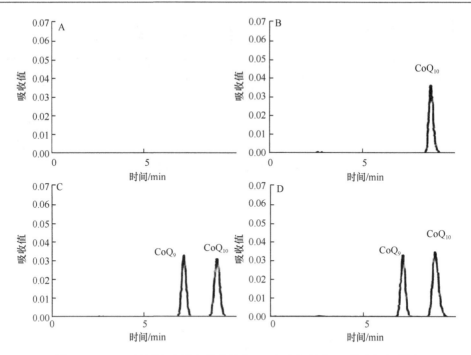

图 5-15 HPLC 法测定大鼠血浆中辅酶 Q_{10} 和内标辅酶 Q_9 的液相色谱图

Fig. 5-15 Chromatograms of CoQ_{10} and CoQ_9 in rat plasma samples

A. 空白代血浆；B. 含辅酶 Q_{10}（50ng/ml）的代血浆；C. 含辅酶 Q_{10}（50ng/ml）和辅酶 Q_9（50ng/ml）的代血浆；D. 按 50mg/kg 剂量辅酶 Q_{10} 纳米粒灌胃 1h 后的血浆样品

2. 线性

辅酶 Q_{10} 浓度在 10～1000ng/ml 具有良好的线性。回归方程：$y=0.005\ 74x+0.0287$，y 是辅酶 Q_{10} 峰面积与辅酶 Q_9 峰面积的比值，x 是辅酶 Q_{10} 的浓度，相关系数为 0.9996。

3. 定量下限

辅酶 Q_{10} 在大鼠血浆中最小定量值为 10ng/ml（RSD=9.54%，RE=−3.83%，n=5），具有可以接受的精密度和准确度。

4. 回收率

10ng/ml、400ng/ml、1000ng/ml 浓度的辅酶 Q_{10} 液液萃取后，平均回收率为 93.13%（表 5-6）。低、中、高 3 个浓度回收率的准确度在 80%～120%，回收率稳定，表明该方法具有较好的准确性。

表 5-6 辅酶 Q_{10} 和辅酶 Q_9 在代血浆中的回收率
Tab. 5-6 The recovery of CoQ_{10} and CoQ_9 from alternative plasma

样品	浓度/（ng/ml）	峰面积（mean±S.D. $n=3$）		回收率/%
		未提取	提取	
CoQ_{10}	10	2 232±326	1 858±307	83.25
CoQ_{10}	400	122 787±1 630	112 153±1 476	91.34
CoQ_{10}	1 000	390 624±2 998	411 952±3 152	105.46
CoQ_9	1 000	308 652±2 783	285 441±2 514	92.48

5. 精密度和准确度

日间差和日内差评估精密度的 RSD 和准确度的 RE 均小于 15%（表 5-7），表明该方法的精密度和准确度符合生物样品的分析要求。

表 5-7 辅酶 Q_{10} 和辅酶 Q_9 在代血浆中的精密度和准确度
Tab. 5-7 Precision and accuracy of CoQ_{10} and CoQ_9 from alternative plasma

加标浓度/（ng/ml）	实测浓度/（ng/ml）（mean±S.D. $n=3$）	RSD/%	RE/%
	日间（$n=5$）		
10	9.28±1.04	10.37	−7.63
50	52.64±2.15	4.16	4.52
100	96.56±6.83	6.58	−3.31
200	205.17±13.82	6.93	2.58
400	413.84±27.58	7.64	3.49
1000	1046.31±37.85	3.72	4.87
	日内（$n=5$）		
10	9.64±0.97	9.54	−3.83
50	48.42±3.14	6.38	−3.07
100	94.33±7.26	7.37	−5.76
200	215.69±15.78	8.25	7.74
400	387.25±25.43	6.16	−3.35
1000	1033.76±35.65	3.68	3.46

6. 稳定性评估

400ng/ml 辅酶 Q_{10} 冷冻稳定性为（425.37±22.54）ng/ml、冻融稳定性为（421.59±24.18）ng/ml。表明辅酶 Q_{10} 在冷冻和冻融条件下稳定，没有发生明显的降解。

5.4.3.2　辅酶 Q_{10} 纳米粒提高辅酶 Q_{10} 原粉的生物利用度

按 50mg/kg 剂量辅酶 Q_{10} 原粉或辅酶 Q_{10} 纳米粒对大鼠灌胃给药后，通过测量可获得的不同时间点的血清中辅酶 Q_{10} 含量，获得的药物浓度-时间曲线（concentration-time curve，C-T 曲线）如图 5-16 所示。从图 5-16 可以看出，辅酶 Q_{10} 纳米粒（T_{max}=3h）比辅酶 Q_{10} 原粉（T_{max}=4h）吸收迅速，并且在大鼠血浆中的浓度明显高于辅酶 Q_{10} 原粉。辅酶 Q_{10} 纳米粒和辅酶 Q_{10} 原粉的主要药动学参数见表 5-8。由表 5-8 可以发现，两者的 $t_{1/2}$ 没有显著的差异（$P>0.05$），说明它们在体内驻留的时间没有明显的不同，然而辅酶 Q_{10} 纳米粒的 C_{max} 和 AUC_{0-12h} 则明显高于辅酶 Q_{10} 原粉（$P<0.05$），根据公式计算其相对于原粉的生物利用度为 196%。固体剂型的粒径和晶型在药物吸收的过程中起着关键的作用，因此具有较小粒径和较低结晶度的辅酶 Q_{10} 纳米粒，不仅引起溶解性的增加，而且导致了生物利用度的提高。

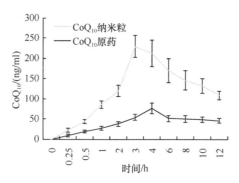

图 5-16　50mg/kg 辅酶 Q_{10} 原粉和辅酶 Q_{10} 纳米粒灌胃给药后大鼠的药-时曲线

Fig. 5-16　Plasma concentration-time curves after an oral administration of CoQ$_{10}$ nanoparticles and unprocessed CoQ$_{10}$ powder at the dose of CoQ$_{10}$ 50mg/kg in rats

每组平行实验 6 次，数据使用 6 组独立实验的平均值±标准偏差来表示。$P<0.05$ 被认为具有显著性差异

表 5-8　50mg/kg 辅酶 Q_{10} 原粉和辅酶 Q_{10} 纳米粒灌胃给药后大鼠的药代动力学参数

Tab. 5-8　Pharmacokinetic parameters of unprocessed CoQ$_{10}$ powder and CoQ$_{10}$ nanoparticles after an oral does of 50mg/kg in rats

参数 药物	T_{max}/h	C_{max}/（ng/ml）	AUC_{0-12h}/（ng·h/ml）	$t_{1/2}$/h
CoQ$_{10}$ 原粉	4	76.4±12.8	538.2±95.6	4.82±0.19
CoQ$_{10}$ 纳米粒	3	175.6±27.5*	1140.3±229.4*	3.55±0.14

注：数据用均数±标准误差（mean±S.D.）表示。T_{max} 表示达到最大血药浓度的时间；C_{max} 表示最大血药浓度；AUC_{0-12h} 表示药-时曲线下的面积；$t_{1/2}$ 表示半衰期。*$P<0.05$ 被认为具有显著性差异

在以前的文献报道中，研究者已经采用了许多的方法来提高辅酶 Q_{10} 溶解度和生物利用度，这些方法包括：固体分散体系、脂质体、纳米结构脂质载体、生物可降解的聚合物纳米粒和自乳化给药系统。使用固体分散体系、脂质体和纳米结构脂质载体方法制备的辅酶 Q_{10} 剂型，对辅酶 Q_{10} 的溶解度有所改善，但是在提高生物利用度方面未见报道。采用生物可降解的聚合物制备的辅酶 Q_{10} 纳米粒，对辅酶 Q_{10} 的生物利用度有所改善，但提高的程度不大。有研究者曾经利用 γ-环糊精包合辅酶 Q_{10} 制备纳米粒子，结果显示生物利用度仅提高了 10%。自乳化给药系统在提高辅酶 Q_{10} 的生物利用度方面，似乎是一种可行的策略。有研究报道，辅酶 Q_{10} 自乳化给药系统能够使辅酶 Q_{10} 的生物利用度在雄性大鼠体内增加两倍。但是，自乳化给药系统是一种液体状态，液态的辅酶 Q_{10} 与固体样品相比，容易被氧化，稳定性差，更容易导致辅酶 Q_{10} 快速地降解。此外，这些载药系统都采用聚合物材料来包合辅酶 Q_{10}，从而达到提高其溶解度的目的，但是大多数聚合物对人体健康潜在的影响仍不清楚，这也在很大程度上限制了这些方法的实际应用。综上所述，RESS 微粉化得到的辅酶 Q_{10} 纳米粒子在克服辅酶 Q_{10} 的溶解度和生物利用度的问题上，可能是一个最合适的策略。

5.5 本 章 小 结

本章通过自然衰老模型，以辅酶 Q_{10} 原粉和维生素 E 为对照，考查了辅酶 Q_{10} 纳米粒对大鼠血浆中辅酶 Q_{10} 含量及体内抗氧化能力的影响。得到的实验结果如下：①外源补充辅酶 Q_{10} 纳米粒、辅酶 Q_{10} 原粉和维生素 E，均能够显著增加老年大鼠血浆中辅酶 Q_{10} 含量，尤以辅酶 Q_{10} 纳米粒的作用最为显著；②外源补充辅酶 Q_{10} 纳米粒、辅酶 Q_{10} 原粉和维生素 E，均能够提高超氧化物歧化酶（SOD）、谷胱甘肽过氧化物酶（GSH-Px）的活性，降低丙二醛（MDA）含量，通过这 3 项实验可以判定辅酶 Q_{10} 纳米粒具有体内抗氧化的功能；③辅酶 Q_{10} 纳米粒可以明显提高老年大鼠血浆中 SOD 和 GSH-Px 酶的活力，并且降低衰老大鼠血浆中 MDA 的含量，使衰老大鼠抗氧化损伤的能力超过正常青年大鼠的水平，与辅酶 Q_{10} 原粉和维生素 E 相比，辅酶 Q_{10} 纳米粒的抗氧化活性好于原粉（辅酶 Q_{10} 原粉未能使老年大鼠抗氧化损伤的能力达到正常青年大鼠的水平），但不及维生素 E。通过以上实验结果初步证明，辅酶 Q_{10} 纳米粒提高了辅酶 Q_{10} 的药效。

目前对于辅酶 Q_{10} 在缺血/再灌注损伤中作用的研究较多，但辅酶 Q_{10} 对心肌细胞保护作用的机制仍不十分清楚，这主要是因为辅酶 Q_{10} 极度的不溶水性，限制了它在体外研究中的应用。作者制备的水溶性辅酶 Q_{10} 纳米粒为辅酶 Q_{10} 的体外研究提供了平台，通过分离培养原代心肌细胞，建立缺氧/复氧模型，探讨了辅酶 Q_{10} 对心肌细胞保护作用的部分机制。通过对细胞存活率、活性氧水平、LDH 漏出量、SOD 活力、MDA 含量、线粒体膜电位及细胞凋亡率的测定发现：在缺氧/复氧条件下，辅酶 Q_{10} 能够提高心肌细胞的存活率，降低心肌细胞中 LDH 的漏出量和 MDA 的含量，抑制线粒体膜电位的下降，减少了心肌细胞的凋亡比率，但在降低心肌细胞内活性氧的水平及提高 SOD 活力方面，辅酶 Q_{10} 作用不显著。根据上述实验结果，辅酶 Q_{10} 心肌细胞保护作用的机制可能是：缺氧/复氧时，心肌细胞内产生大量氧自由基，造成各种抗氧化酶的活性降低，引发链式脂质过氧化反应，辅酶 Q_{10} 发挥其抗脂质过氧化功能，减轻心肌细胞的脂质过氧化效应，减少了细胞氧化损伤，并且抑制了线粒体膜电位下降，维持了细胞膜的结构和功能，从而阻止了细胞色素 C 等促凋亡物质的释放，降低了心肌细胞的凋亡比率。

　　本章通过方法学的建立和确认，以辅酶 Q_{10} 原粉为参比，测定了大鼠单剂量口服辅酶 Q_{10} 纳米粒后的体内血药浓度-时间数据，并求算出药物动力学参数。结果表明，辅酶 Q_{10} 纳米粒提高了辅酶 Q_{10} 的口服生物利用度（辅酶 Q_{10} 纳米粒的生物利用度是辅酶 Q_{10} 原粉的 1.96 倍），本研究提供了一种新型的水溶性辅酶 Q_{10} 微粉剂型。

第三篇

水溶性生物活性小分子
混合物功能检测

第6章　水溶性刺五加提取物

6.1　刺五加简介

6.1.1　刺五加的植物学特征

刺五加的植物学特征如下：刺五加小叶一般为 5，有小短柄，纸质，叶椭圆状，倒卵形至矩圆形，淡褐色的毛覆盖在幼叶下脉，长 7～13cm，叶片的边缘有锯齿，叶柄长 3～12cm。具有单个顶生或 2～4 个聚生不等的伞形花序，多花，直径 3～4cm，花梗总长为 5～7cm，花梗无毛；花萼无毛，几无齿至不明显的 5 齿不等；卵形花瓣 5；子房 5；室雄蕊 5，花柱合生，并且呈柱状。刺五加果呈卵形球状，约 8mm，有 5 个棱。

6.1.2　刺五加各主要部位药理活性

刺五加多糖（*Acanthopanax senticosus* polysaccharides，ASPS）系刺五加根中提取的免疫活性成分之一，是效果显著的免疫增强剂，它具备增强机体的免疫功能的能力，刺五加多糖可以促进 B 细胞、T 细胞、NK 细胞等细胞因子的产生，刺五加多糖还可减轻由环磷酰胺诱发的毒副作用，具有较强的抗肿瘤作用，尤其是对人白血病粒细胞 K562 和小鼠 S180 肉瘤具有显著的疗效，从而实现抗肿瘤作用，刺五加多糖还具有较强的抗氧化活性。有关的体内实验证明，刺五加多糖在毒性方面较低，当实验用到 2000mg/kg 的浓度剂量之时，小鼠并未死亡；对四氯化碳与硫化乙酰胺导致的鼠肝脏中毒有明显治疗作用，多糖能够增强小鼠的抗感染力并迅速在小鼠体内形成抗体。实验证明刺五加总苷也是其生物活性成分之一。刺五加的根及根茎部位主要含有的酚苷类化合物占重量的 0.6%～1.5%。通过实验证明刺五加总苷主要有以下几类：甾体苷类，如刺五加苷 A（胡萝卜苷）；酚苷类，如刺五加苷 B（紫丁香的β-葡萄糖苷，又称紫丁香苷）、香豆精苷、刺五加苷 B1（又称为异嗪皮啶苷）、刺五加苷 C（半乳糖苷）、刺五加苷 D 和刺五加苷 E（葡萄糖苷的 2 种不同构型）、刺五加苷 G 和刺五加苷 F。此外，还有阿魏酸葡萄糖苷、芥子醛、咖啡酸、异嗪皮啶（isofraxidin）和芝麻素等成分。刺五加苷 D 和刺五加苷 E（木质素苷）为酚苷类，刺五加紫丁香苷在总苷中占的比例约为 30%。有研究表明，刺五加茎中的苷B、苷E比根部的苷含量高。研究表明，通过提取的方法可以从刺五加的根和根皮水提物中得到异嗪皮啶，也就是7-羟基-6,8-二甲氧基苯并吡喃-2-酮。刺五加果实中含有黏多糖。这些多糖包括：阿拉伯糖、葡萄糖、半乳糖、鼠李糖、木糖等。

　　酚苷类化合物具有诸多作用。首先为抗疲劳作用：刺五加总苷及根部的提取物均有抗疲劳的效果，但刺五加苷的作用和根部提取物相比强40～120倍。从小鼠爬绳实验测得刺五加总苷具有兴奋、抗疲劳作用，和人参提取物及人参苷相比，刺五加苷抗疲劳效果更好。其次为抗癌作用：刺五加总苷具有抗癌作用，通过动物实验可知，对动物体内药物移植瘤、诱发瘤等癌细胞的转移扩散，白鼠白血病都具较好的治疗效果，刺五加苷能减轻抗癌药物的毒副作用，能很好地抑制癌细胞生长。此外，刺五加总苷还可以强化DNA的合成，促进核酸和蛋白质的合成；通过小鼠肝切除再生能力实验证明：刺五加苷还可提高有丝分裂的细胞数目，从而对再生进行前的缓滞周期有所减短。

6.1.3　刺五加生物活性物质

　　Sang-Yong Park等用甲醇提取刺五加叶，最终从提取物中获得4种新的三萜皂苷，分别命名为1-deoxychiisanoside、inermoside、11-deoxychiisanoside和24-hydroxychiisanoside，活性实验表明其中的部分化合物对胰脂肪酶具有抑制或提高的作用。

　　陈貌连等利用电喷雾质谱发现刺五加叶中存在槲皮苷（槲皮素-3-O-α-L-鼠李糖）、金丝桃苷（槲皮素-3-O-β-D-半乳糖）（图6-1）、芦丁（槲皮素-3-O-芦丁糖）（图6-2）。过去的几十年来，对刺五加的研究表明，刺五加苷K、I、M和刺五加苷A到F其实都是齐墩果酸，而治疗肝炎和黄疸最佳药物就是齐墩果酸（图6-3），科学实验表明，可以从刺五加茎皮中提取出齐墩果酸。

　　芝麻素（图6-4）来自于五加科植物［*Acanthopanax sessiliflorus*（Rupr. et Maxim.）Seem.］的根。芝麻素对流感病毒、结核杆菌等有抑制作用。芝麻素还可用作一种杀虫药（除虫菊酯）的增效剂。医学研究表明芝麻素对治疗气管炎有一些疗效。通过实验表明：刺五加的根茎部位主要含有酚苷类的化合物，其中比较有代表性的两个成分为：刺五加苷B，也称紫丁香苷（syringin）（图6-5）；刺五加苷B1，也称为异嗪皮啶（图6-6）等。紫丁香苷的分子式为：$C_{17}H_{24}O_9$，为无色晶体；溶于乙醇，微溶于冷水，基本不溶于醚。它能够促进微粒体酶系统的酶活性，防止脂质过氧化，而达到代谢肝毒的目的最终改善肝功能，是效果显著的抗肝毒药物。

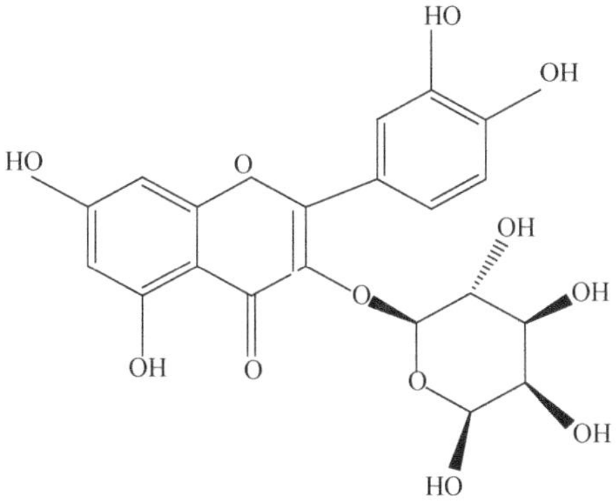

图 6-1　金丝桃苷

Fig. 6-1　Hyperin

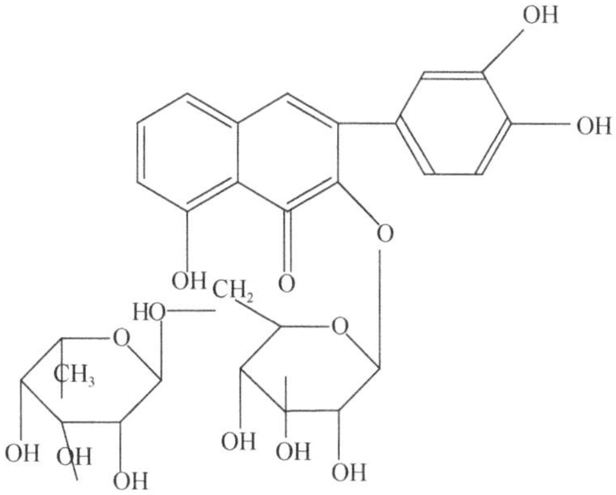

图 6-2　芦丁

Fig. 6-2　Rutin

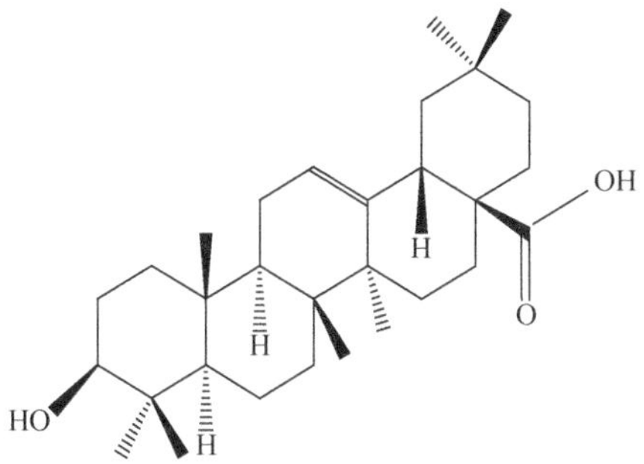

图 6-3　齐墩果酸

Fig. 6-3　Oleanolic acid

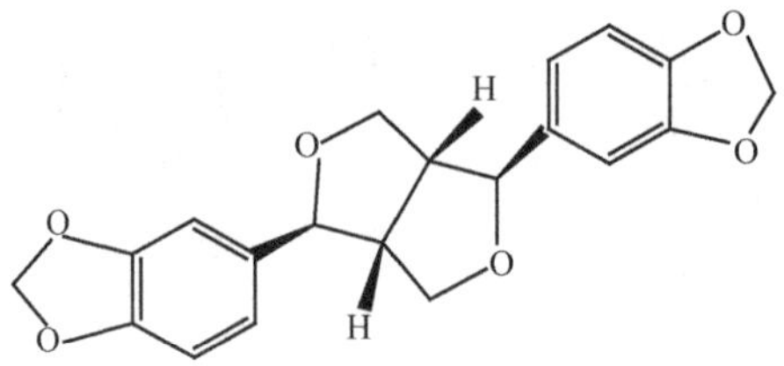

图 6-4　芝麻素
Fig. 6-4　Sesamin

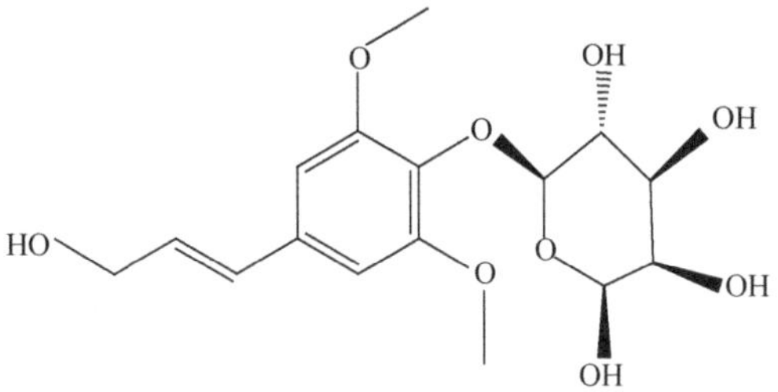

图 6-5　紫丁香苷
Fig. 6-5　Syringin

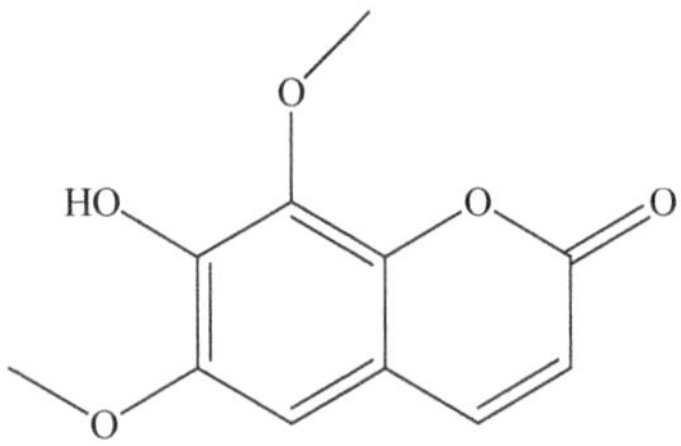

图 6-6　异嗪皮啶
Fig. 6-6　Isofraxidin

　　异嗪皮啶是刺五加药材镇静催眠的物质基础，它的分子式为 $C_{11}H_{10}O_5$，化学名称为：7-羟基-6,8-二甲氧基苯并吡喃-2-酮，为白色粉末；溶于乙醇，微溶于水。异嗪皮啶是刺五加药材镇静安神的药理活性成分，根及根茎中异嗪皮啶的含量较多，有明确的药理作用，临床试验表明，异嗪皮啶具有很好的抗炎作用。

　　然而，紫丁香苷和异嗪皮啶难溶于水，不便于直接用于临床。其脂溶性高，水溶性差，不良反应大，易导致过敏反应。而水溶性单体异嗪皮啶粉不仅保持了抗炎活性，同时生物利用度高、毒副作用大大降低，提供了广阔的发展前景。用此方法制备的水溶性异嗪皮啶混合粉体具有无污染、成本低、得率高、易产业化的优点。

6.2　刺五加产品改善睡眠功能研究

6.2.1　实验材料、仪器与动物

6.2.1.1　实验材料和仪器

水溶性刺五加茎粉，自制；水溶性刺五加果粉，自制；水溶性刺五加叶粉，自制；刺五加浸膏，戊巴比妥钠（分析纯），MYM 生物科技有限公司；巴比妥钠（分析纯），沈阳试剂五厂；蒸馏水自制。

AE100 电子天平	梅特勒-托利多公司
DT500 电子天平	武汉格莱莫检测设备有限公司
扫描电子显微镜	荷兰 FEI 公司
Zeta PALS/90plus 激光粒度仪	美国布鲁克海文仪器公司
717 型自动进样高效液相色谱仪	美国 Waters 公司

6.2.1.2　实验动物

健康昆明小鼠，雌性，体重 18～22g，由哈尔滨医科大学实验动物中心提供，合格证号：SCXK（黑）2012-021。实验动物饲料由哈尔滨医科大学实验动物中心提供，执行标准 GB 14925—2001。饲养一周后开始实验。温度要控制在（24±2）℃，使受试动物能够自由获取食物和水。

6.2.2　实验方法

6.2.2.1　分组及给药剂量

各项实验所用小鼠均按体重随机分为 5 组，每组 14 只。给小鼠灌胃给药的剂量为 175mg/kg，连续给药 30d。

6.2.2.2　直接睡眠实验

各组动物分别给予相应的受试药物，对照组给予同体积的蒸馏水，以翻正反射（亦称复位反射，一般是指动物体处于异常体位时所产生的恢复正常体位的反射）消失为指标，观察各组动物是否出现睡眠现象。

6.2.2.3　延长戊巴比妥钠睡眠时间实验

正式实验前先进行预实验，用以确定使实验动物 100%入睡，但是又不能使睡眠时间过长的戊巴比妥钠的剂量,用此剂量进行正式实验。

动物连续给予受试物 30d,末次给药后 30min,给各组动物腹腔注射戊巴比妥钠,以小鼠翻正反射消失为指标,观察并记录受试样品延长戊巴比妥钠的睡眠时间。

6.2.2.4　戊巴比妥钠阈下剂量催眠实验

正式实验前先进行预实验,用以确定戊巴比妥钠阈下催眠剂量,即 80%～90%实验动物翻正反射不消失,用此剂量进行正式实验。

动物连续给予受试物 30d,末次给药后 30min,给各组动物腹腔注射阈下剂量的戊巴比妥钠,以小鼠翻正反射消失 1min 以上为指标,记录 30min 之内入睡的受试动物数量。

6.2.2.5　巴比妥钠睡眠潜伏期实验

正式实验前先进行预实验,用以确定使实验动物 100%入睡,但是又不能使睡眠时间过长的巴比妥钠的剂量,用此剂量进行正式实验。

动物连续给予受试物 30d,末次给药后 30min,给各组动物腹腔注射巴比妥钠,以受试动物翻正反射消失为指标,观察并记录受试药品对巴比妥钠睡眠的潜伏期。

6.2.3　结果与讨论

6.2.3.1　直接睡眠作用

动物被给予相应受试物后,部分表现出了自主活动减少的症状,但是各组小鼠在给药后均未出现睡眠现象,表明水溶性刺五加提取物并无直接催眠作用。

6.2.3.2　对戊巴比妥钠睡眠时间的影响

注射戊巴比妥钠后,在其催眠作用下,各给药组小鼠和空白组小鼠的睡眠时间如图 6-7 所示。给药组与空白组相比,对戊巴比妥钠睡眠时间延长的效果明显,有显著差异($P<0.05$)。给药组与市售刺五加浸膏组相比,对戊巴比妥钠睡眠时间延长的效果明显,有显著差异($P<0.05$)。说明水溶性刺五加果实、茎、叶提取物均能够增强戊巴比妥钠的催眠作用,与戊巴比妥钠之间存在协同作用,且作用强于市售刺五加浸膏。

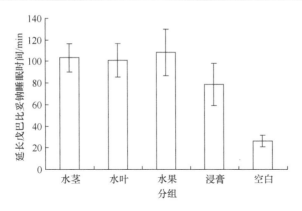

图 6-7 水溶性刺五加提取物对戊巴比妥钠诱导的小鼠睡眠时间的影响

Fig. 6-7 Effect of water-soluble *Acanthopanax senticosus* extract on sodium pentobarbital-induced sleep time

6.2.3.3 对戊巴比妥钠阈下剂量催眠作用的影响

在阈下剂量戊巴比妥钠的催眠作用下，水溶性刺五加提取物对小鼠入睡率的影响如图 6-8 所示。30min 内空白对照组的小鼠入睡率约为 20%，而给药组小鼠的入睡率与空白对照组相比有明显的增加。可见水溶性刺五加提取物与戊巴比妥钠的协同作用能增强阈下剂量戊巴比妥钠的催眠效果。

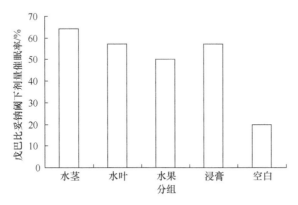

图 6-8 水溶性刺五加提取物对阈下剂量戊巴比妥钠诱导小鼠睡眠发生率的影响

Fig. 6-8 Effect of water-soluble *Acanthopanax senticosus* extract on subthreshold dose of sodium pentobarbital-induced sleep incidence in mice

6.2.3.4 对巴比妥钠睡眠潜伏期的影响

从注射巴比妥钠开始，直到进入睡眠状态（翻正反射消失）的这段时间即为睡眠潜伏期，水溶性刺五加提取物对巴比妥钠诱导小鼠睡眠的潜伏期的影响如图 6-9 所示。由图可以看出，灌胃给予受试物的各组小鼠的睡眠潜伏期与空白对照组相比，均有一定程度的缩短，差异均达到了显著水平（$P<0.05$），具有统计学意义。结果表明，水溶性刺五加提取物能有效缩短巴比妥钠诱导小鼠睡眠的潜伏期，使小鼠更快地进入到睡眠状态。

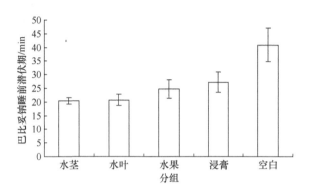

图 6-9　水溶性刺五加提取物对巴比妥钠睡眠潜伏期的影响

Fig. 6-9　Effect of water-soluble *Acanthopanax senticosus* extract on sodium pentobarbital sleep latency

6.3　水溶性刺五加口含片制备及生物利用度评价

6.3.1　实验材料、仪器与动物

6.3.1.1　实验材料和仪器

刺五加膏；辅料 A（天津光复精细化工研究所）；辅料 B（北京北方霞光食品添加剂有限公司）。

Sartorius1721 型电子天平（德国）；海尔低温保存箱；冷冻干燥机 Scientz-10N 型（宁波新芝生物科技股份有限公司）；KQ-250DE 型数控超声波清洗器（昆山市超声仪器有限公司）；S4800 型扫描电镜（日立公司）。

6.3.1.2　实验动物

Wistar 大鼠 6 只，体重 200～250g，由哈尔滨医科大学实验动物中心提供，合格证号：SCXK（黑）2012-023。实验动物饲料由哈尔滨医科大学实验动物中心提供，执行标准 GB 14925—2001。饲养 1 周后开始实验。

6.3.2　实验方法

6.3.2.1　刺五加冻干含片的制备

分别称取刺五加膏 0.64g（40%），辅料 A（多糖类）0.952g（59.5%），辅料 B（甜味剂）8mg（0.5%）于 50ml 烧杯中，再加入 18ml 水，充分超声至完全溶解，接下来分装至泡罩板，每个泡罩孔中加入 1.5ml，−40℃条件下预冻 4h 后置入冻干机中进行冷冻干燥。

6.3.2.2　刺五加冻干含片生物利用度评价

大鼠分别口服给予刺五加冻干含片和市售刺五加浸膏，分别在 0min、5min、10min、30min、1h、1.5h、2h、3h、4h、6h、8h、10h、12h、24h 眼眶取血，抗凝后离心取上清血浆，加入内标物后沉淀蛋白质，离心取上清氮气吹干，用流动相重新定容，以槲皮素为入血指标测定含量。以时间为横坐标，血浆中槲皮素的浓度为纵坐标作药-时曲线图，用 DAS 2.0 计算药-时曲线下面积（生物利用度）。每种样品分别口服给予 3 只大鼠，测定 3 次取平均值。

6.3.3　实验结果与讨论

6.3.3.1　刺五加冻干含片形貌分析

将刺五加膏和辅料用水溶解后放入泡罩板中并在−40℃预冻 4h，预冻后棕黑色，表面平整，有一定的光泽。而冻干后得到的含片（图 6-10）颜色却变浅成为土黄色，表面平整光滑，靠近含片边缘的地方略显粗糙，有大小不一的裂槽或裂纹。

6.3.3.2　刺五加冻干含片崩解实验分析

按照《中华人民共和国药典》（2015 版）药物崩解时间的测定方法对制得的刺五加冻干含片的崩解时间进行了测定，结果为 6 秒 55，这一结果远远低于药典中对冻干含片 15s 的要求。将其置于水后，水可迅速进入含片内部，从而崩解时间变快。经计算，刺五加压片的堆密度为 359.03mg/cm^3，刺五加冻干含片为 49.76mg/cm^3，相比而言，密度减小了 6 倍多，从这一点说明刺五加冻干含片具有疏松多孔的结构。

图 6-10　刺五加冻干含片

Fig. 6-10　*Acanthopanax senticosus* freeze-dried lozenges

6.3.3.3　刺五加冻干含片生物利用度评价

对刺五加冻干含片和刺五加浸膏进行了生物利用度实验,药-时曲线见图 6-11 和图 6-12,药代动力学参数见表 6-1。

由结果可知,刺五加冻干含片的药-时曲线下面积(AUC_{0-t} 和 AUC_{0-inf})均高于刺五加浸膏,分别为含片 4.63μg/(ml·h)和 4.65μg/(ml·h),浸膏 2.01μg/(ml·h)和 2.03μg/(ml·h);含片达峰浓度为 1.19μg/ml,高于浸膏的 0.61μg/ml;含片在

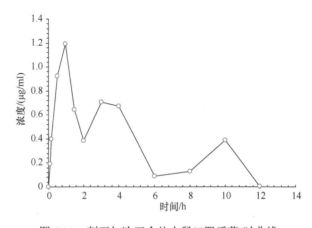

图 6-11　刺五加冻干含片大鼠口服后药-时曲线

Fig. 6-11　Drug concentration-curve of *Acanthopanax senticosus* freeze-dried lozenges in rat

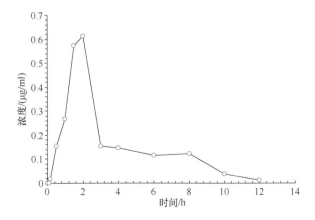

图 6-12　刺五加浸膏大鼠口服后药–时曲线
Fig. 6-12　Drug concentration-curve of *Acanthopanax senticosus* concrete in rat

表 6-1　刺五加冻干含片和刺五加浸膏药代动力学参数
Tab. 6-1　The pharmacokinetic parameters of *Acanthopanax senticosus* lozenges and concrete

函数	单位符号	含片	浸膏
半衰期 $t_{1/2}$	h	2.117 402 126	1.178 560 345
达峰时间 T_{max}	h	1	2
达峰浓度 C_{max}	μg/ml	1.192 882 951	0.612 286 857
曲线下面积 AUC_{0-t}（0-末点）	μg/（ml·h）	4.631 243 482	2.013 625 985
曲线下面积 AUC_{0-inf}（0-∞）	μg/（ml·h）	4.648 783 26	2.033 489 796
表观分布容积 Vz/F	mg/（μg/ml）	0.125 280 797	0.022 116 176
消除率 CL/F	mg/h	0.041 011 591	0.013 007 196

1h 左右达到最大血浆浓度，而浸膏需要 2h 左右；含片的半衰期为 2.11h，长于浸膏的 1.18h；含片的表观分布容积 0.125mg/（μg/ml），大于浸膏的 0.022mg/（μg/ml）；含片的消除率为 0.04mg/h，高于浸膏的 0.01mg/h。由以上结果可知，含片的生物利用度高于浸膏，并且吸收速度快，吸收率大，代谢周期长，消除完全，说明刺五加冻干含片起效快，活性作用强，并持续时间长。这个结果可能与冻干含片疏松多孔所致的崩解时间短有关。

6.4　本　章　小　结

本章对不同刺五加制备品进行活性成分检测及改善睡眠功能研究，根据刺五加粉体会使得激光束发生散射的原理来测定粉体的分布情况，散射光与主光束会在粉体粒径的影响下形成一个夹角；夹角的大小可以决定检测粉体粒径的大小。通过扫描电镜检测样品具备样品分辨率高、样品制备简单、放大倍数连续、调节且倍数大、观察的范围广、适合观察微观物体粗糙表面等优点。

在改善睡眠功能实验方面，动物被给予相应受试物后，部分表现出了自主活动减少的症状，但是各组小鼠在给药后均未出现睡眠现象，表明水溶性刺五加提取物并无直接催眠作用。与空白对照组比较，各水溶性刺五加产品均有不同程度的延长戊巴比妥钠睡眠时间、提高戊巴比妥钠阈下剂量催眠率及延长巴比妥钠睡眠潜伏期的作用。

对刺五加冻干含片进行直接观察，外观颜色为土黄色，表面平整光滑，具有疏松多孔结构的特点，靠近含片边缘的地方略显粗糙，有大小不一的裂槽或裂纹，为制备其他类型的保健品及药品提供了一个技术平台。

按照《中华人民共和国药典》（2015 版）药物崩解时间的测定方法对制得的刺五加冻干含片的崩解时间进行了测定，崩解时间远远低于药典中对冻干含片的要求，刺五加冻干含片的堆密度比刺五加片小 6 倍多，这一点说明刺五加冻干含片具有疏松多孔的结构。

通过大鼠生物利用度实验对刺五加冻干含片的吸收进行评价，药-时曲线下面积（AUC_{0-t} 和 AUC_{0-inf}）为 4.63μg/（ml·h）和 4.65μg/（ml·h），达峰浓度为 1.19μg/ml，在 1h 左右达到最大血浆浓度，半衰期为 2.11h，表观分布容积为 0.125mg/（μg/ml），消除率为 0.04mg/h，均优于浸膏。表明含片的生物利用度高于浸膏，并且吸收速度快，吸收率大，代谢周期长，消除完全，说明刺五加冻干含片起效快，活性作用强，并持续时间长。

第7章 水溶性牡丹子提取物

7.1 牡丹子简介

7.1.1 牡丹的植物学特征

牡丹是落叶灌木。茎高达 2m；分枝短而粗。叶通常为二回三出复叶，偶尔近枝顶的叶为 3 小叶；顶生小叶宽卵形，长 7～8cm，宽 5.5～7cm，3 裂至中部，裂片不裂或 2～3 浅裂，表面绿色，无毛，背面淡绿色，有时具白粉，沿叶脉疏生短柔毛或近无毛，小叶柄长 1.2～3cm；侧生小叶狭卵形或长圆状卵形，长 4.5～6.5cm，宽 2.5～4cm，不等 2 裂至 3 浅裂或不裂，近无柄；叶柄长 5～11cm，与叶轴均无毛。

花单生枝顶，直径 10～17cm；花梗长 4～6cm；苞片 5，长椭圆形，大小不等；萼片 5，绿色，宽卵形，大小不等；花瓣 5，或为重瓣，玫瑰色、红紫色、粉红色至白色，通常变异很大，倒卵形，长 5～8cm，宽 4.2～6cm，顶端呈不规则的波状；雄蕊长 1～1.7cm，花丝紫红色、粉红色，上部白色，长约 1.3cm，花药长圆形，长 4mm；花盘革质，杯状，紫红色，顶端有数个锐齿或裂片，完全包住心皮，在心皮成熟时开裂；心皮 5，稀更多，密生柔毛。蓇葖长圆形，密生黄褐色硬毛。花期 5 月；果期 6 月。

7.1.2 牡丹生物活性成分及功能

7.1.2.1 牡丹花的成分和功能

牡丹鲜花成为美食，除本身色、香、味俱佳外，还在于其全面而丰富的营养成分、保健和医疗上的特殊功效。牡丹花中富含脂肪、淀粉、蛋白质、氨基酸和人体所需的维生素 A、B、C、E，以及多种微量元素和矿质元素。在牡丹花色素研究方面，樊金玲等利用高效液相质谱——电喷雾质谱法分离检测了 5 种花色苷。王亮生等对西北牡丹的花色苷类型和成色机制进行了系统的研究，同时对牡丹中的黄酮种类和含量进行了探索。牡丹花提取物多酚含量为 0.146%，以槲皮素为标准测得提取物黄酮含量为 0.044%。牡丹花提取物能清除·OH，并对 DNA 的损伤有明显的抑制作用，从而保护 DNA 免受损伤，显示牡丹花提取物可能在防衰老、抗炎症等方面发挥作用。

7.1.2.2　牡丹花粉的成分和功能

牡丹花粉中含有多种营养素，维生素和矿物质含量虽不高，但比较齐全。花粉中还含有大量天然活性物质，包括 80 多种酶和黄酮类化合物、激素、核酸、有机酸等，这些都是促进健康、增加机体防御能力的重要物质基础。每颗小小的花粉都像微型的"营养库"，其蛋白质含量高达 35%，氨基酸有 20 多种，其中一半以上的氨基酸处于游离状态，很容易被人体吸收。牡丹花粉已被开发成口服液及保健面条、酸奶等的辅料。

7.1.2.3　牡丹皮的成分和功能

牡丹皮（cortex moutan）是牡丹的干燥根皮，其始载于《神农本草经》，在全国各地均有栽培。丹皮具有清热凉血、活血化淤的功效，用于温毒发斑、吐血、夜热早凉、经闭痛经、肿痛疮毒、跌打损伤等症。现代药理研究表明，牡丹皮有抗凝血、降压、抗炎、抑制中枢神经系统等功能。牡丹皮中的主要化学成分包括丹皮酚、丹皮苷、芍药苷元、白桦脂酸、白桦脂醇、齐墩果酸等，其中丹皮酚的含量最高。丹皮酚是一个小分子的酚类化合物，呈白色针状结晶，具有熔点低、易挥发及水溶性差的特性。实验研究证实，丹皮酚具有镇静、镇痛、解热、解痉、抗炎等作用，并具有抗心律失常、抗动脉粥样硬化、改善微循环、保护缺血组织、抗菌和抑制皮肤色素合成等作用。近年来还发现丹皮酚具有抗肿瘤作用，同时能提高机体免疫力且无明显不良反应。

7.1.2.4　牡丹籽成分与功能

各国学者从牡丹种子提取物中分离得到的化合物，通过理化性质及波谱分析鉴定为齐墩果酸、12,13-dehydromicromeric acid、氧化芍药苷、常春藤皂苷元、山奈酚、木犀草素、芹菜素、柯伊利素、葡根素、反式白藜芦醇、β-谷甾醇、豆甾醇和 β-胡萝卜苷等。

在牡丹籽油中含有多种脂肪酸成分，主要为亚麻酸、油酸、亚油酸等，不饱和脂肪酸含量可达 80%以上。牡丹籽油中所富含的亚麻酸为 Ω-3 系列多烯不饱和脂肪酸，由于该不饱和脂肪酸在体内不能自身合成，必须靠食物供给，故称为必需脂肪酸。亚麻酸是 Ω-3 系多不饱和脂肪酸的母体，摄入体内后可转变为 EPA（二十碳五烯酸）和 DHA（二十二碳六烯酸）而发挥作用。越来越多的证据表明，Ω-3 系列多烯不饱和脂肪酸在生物膜的结构和功能上起着特殊作用。动物缺乏必需脂肪酸会出现很多症状，尤其是中枢神经系统、视网膜和血小板功能异常。这说明牡丹籽是一种良好的油料资源，适宜开发利用。

在牡丹籽油毒性研究方面，通过小鼠急性毒性试验、小鼠精子畸形的遗传毒性试验和亚急性毒性试验进行毒理学研究，牡丹籽油无急性毒性、遗传毒性和亚急性毒性，具有较高的食用安全性。还有人研究了牡丹籽不同提取物的抗菌作用。结果表明：牡丹籽提取物对枯草杆菌、沙门氏菌、根霉菌和黑曲霉菌均有一定的抑制作用。牡丹籽在抗衰老及抗炎、抗菌方面有较好的作用，且价格相对低廉，提取方法简单，脂肪油含量高达 30%，对其进行综合开发利用将具有广阔的市场前景。

7.2　牡丹种皮水溶性黄酮体外抗凝血及抗血栓实验研究

黄酮类化合物（flavonoids）又称生物黄酮或植物黄酮，是植物经光合作用产生的一大类低分子质量的天然物质，广泛存在于自然界之中，是植物在长期自然选择过程中产生的一些次级代谢产物。可以分为 10 多个类别：黄酮、黄烷醇、异黄酮、双氢黄酮、双氢黄酮醇、噢哢、黄烷酮、花色素、查耳酮、色原酮等。鉴于黄酮类化合物具有抗过敏、降血压、抗炎、抗菌、抗病毒、抗肿瘤、保肝和降血脂等多种生理活性，因此在食品、化妆品、医学，甚至兽药、农药等领域得到了广泛应用。在食品工业上可作天然甜味剂、天然抗氧化剂、天然色素等；应用于功能食品，如生物类黄酮口香糖、银杏叶袋泡茶等防衰、抗癌、提高免疫力食品；在医学上对治疗脑血栓、冠心病和清除自由基等方面有显著效果，如开发出的大豆异黄酮胶囊、黄酮保健胶囊；在化妆品领域开发出的一系列美容护肤品具有抗辐射、抗衰老、抗氧化等作用；在兽药、农药等领域，现已开发出了一些具有特效功能的含有黄酮类化合物药品的驱虫剂、杀虫剂等。

牡丹种皮占牡丹种子总重的 1/3，在生产牡丹籽油之前被脱除，一般作为垃圾处理，不仅造成资源浪费，而且污染环境。为了充分开发利用这一资源，我们对牡丹种皮的成分进行了分析，发现其中黄酮类物质的含量较高，对牡丹种皮中的黄酮类化合物进行了提取分离，并且对其成分进行了分析鉴定，为牡丹种皮资源的进一步利用提供新的理论依据。

7.2.1　实验材料、仪器与动物

7.2.1.1　实验材料和仪器

水溶性牡丹黄酮　　　　　　　　　自制

木犀草素（99%）	中国食品药品检定研究院
槲皮素（99%）	中国食品药品检定研究院
尿激酶	辽宁天龙药业
超纯水	Milli-Q 纯水仪制备
0.9%的生理盐水	哈尔滨三联药业有限公司
BS124S 电子天平	北京赛多利斯仪器有限公司

7.2.1.2　实验动物

清洁级家兔，体重 3kg，购于玉英实验动物养殖场。

7.2.2　实验方法

7.2.2.1　牡丹黄酮的体外抗凝血实验

兔耳静脉取血。取 9 支灭菌玻璃试管，分别加入 1ml 生理盐水；1ml 1000U/ml 的注射用尿激酶溶液（辽宁天龙药业）；1ml 木犀草素和槲皮素标准品混合物；牡丹黄酮的高、中、低剂量溶液（1mg/ml、0.2mg/ml、0.04mg/ml）；1ml 牡丹黄酮复方的高、中、低剂量溶液（1mg/ml、0.2mg/ml、0.04mg/ml），然后再在每管各加 1ml 血液，上下颠倒混匀，置 37℃恒温水浴，每 10min 振荡一次，观察记录凝血时间。4h 后，轻轻振摇各试管，观察拍照。

7.2.2.2　牡丹黄酮的体外血栓溶解实验

兔耳静脉取血。取 9 支灭菌玻璃试管，每管各加 1ml 血液，待血液凝固后，分别加入 1ml 生理盐水；1ml 1000U/ml 的注射用尿激酶溶液（辽宁天龙药业）；1ml 木犀草素和槲皮素标准品混合物；牡丹黄酮的高、中、低剂量溶液（1mg/ml、0.2mg/ml、0.04mg/ml）；1ml 牡丹黄酮复方的高、中、低剂量溶液（1mg/ml、0.2mg/ml、0.04mg/ml），然后再上下颠倒混匀，置 37℃恒温水浴，每 10min 振摇一次，以促进各溶液进入血栓内部反应，4h 后，取出血栓，滤纸吸干余血后称湿重。

$$溶解率（\%）=（W\text{–}G/W）\times100\% \tag{7-1}$$

式中，W 为实验前血栓质量；G 为实验后血栓质量。

7.2.3　实验结果

7.2.3.1　牡丹黄酮的体外抗凝血实验结果

以生理盐水为阴性对照，以注射用尿激酶溶液（辽宁天龙药业）为阳性对照，用牡丹黄酮及其复方进行抗凝血实验，结果如图 7-1 所示。

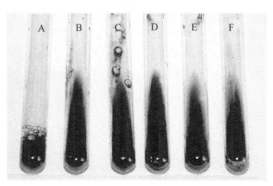

图 7-1　牡丹黄酮抗凝血图（20min）
Fig. 7-1　Anticoagulant results of peony flavonoids（20min）
A. 生理盐水；B. 标准品混合物；C. 牡丹黄酮高剂量；D. 牡丹黄酮中剂量；E. 牡丹黄酮低剂量；F. 尿激酶

7.2.3.2　牡丹黄酮的体外溶血栓实验结果

以生理盐水为空白对照，以注射用尿激酶溶液为阳性对照，用牡丹黄酮及其复方进行溶血栓实验，结果如表 7-1 所示。

表 7-1　牡丹黄酮的体外溶血栓结果
Tab. 7-1　Dissolve thrombus results *in vitro* of peony flavonoids

组别	剂量/（mg/ml）	血栓形成时间/min	血栓溶解率/%
生理盐水	—	3.8	25.32
尿激酶溶液	1.0	32.7	57.31
标准品	1.0	10.8	64.90
高剂量牡丹黄酮	1.0	14.7	62.14
中剂量牡丹黄酮	0.2	9.6	55.48
低剂量牡丹黄酮	0.04	8.2	43.16

表 7-1 表明牡丹黄酮及其复方给药组的高、中剂量组的凝血时间与对照组相比较均有显著性差异，表明牡丹黄酮及其复方具有明显的抗凝血作用。4h后取出血栓，滤纸吸干余血后称其质量，发现兔 1ml 血液在体外凝固后与各给药组作用，血栓变小，牡丹黄酮及其复方各剂量对已成型血栓的溶解作用与对照组相比较均有显著性差异，表明牡丹黄酮及其复方有溶栓作用。1mg/ml 浓度时，牡丹黄酮的血栓溶解率为 62.14%，高于阳性对照尿激酶溶液在此浓度

下的溶解率（57.31%）。抗凝血和溶血栓实验显示牡丹黄酮可明显延长全血凝血时间，减少已成型血栓的质量及提高血栓的溶解率。本实验结果表明，牡丹黄酮及其复方具有显著的体外抗凝血和溶血栓作用。

7.3　牡丹胶清除 DPPH 自由基能力及抗炎能力测定

7.3.1　实验材料与仪器

牡丹胶	自制
DPPH	Sigma 公司
超纯水	Milli-Q 纯水仪制备
乙醇	天津化学试剂厂
小鼠单核巨噬细胞株 RAW 264.7	中国科学院上海细胞库（ATCC TIB－71）
新生胎牛血清	美国 HyClone 公司
胰蛋白酶	美国 Gibco 公司
青霉素、链霉素	美国 HyClone 公司
0.9%的生理盐水	哈尔滨三联药业有限公司
CO_2 培养箱	美国 SIM 公司
MTT（噻唑蓝）	美国 Sigma 公司
TS-100 倒置显微镜	日本 Nikon 公司
EDTA	美国 Sigma 公司
Stat Fax-3200 酶标仪	美国 AWAERENESS 公司
UV-2550 紫外可见分光光度计	日本岛津公司

7.3.2　实验方法

7.3.2.1　牡丹胶清除 DPPH 自由基能力测定

0.1ml 各样品液加入 3.9ml 的 25mg/L DPPH 乙醇液中，在黑暗处放置 30min 后，在 517nm 处测定吸光值，计为 A 样品，以相同体积的水代替样品测定的吸光值为 A 对照，用无水乙醇调零，清除 DPPH 自由基能力用抑制率（%）表示。

$$抑制率（\%）=（1-A 样品/A 对照）\times100\% \tag{7-2}$$

式中，A 对照为不加样品的溶液在 $t=0$ 时的吸光值，所有吸光值均测定 3 次，相同条件下抑制率越高说明抗氧化能力越强。

7.3.2.2 牡丹胶抗炎能力测定

1. 细胞培养及传代

小鼠单核巨噬细胞株 RAW 264.7 购自中国科学院上海细胞库（ATCC TIB-71），用含 10%胎牛血清、100μg/ml 链霉素、100U/ml 青霉素的 RPMI 1640 培养液于 37℃ CO$_2$培养箱中常规培养，隔天传代，细胞于对数生长期呈半贴壁状态生长。

2. NO 浓度测定

由于 NO 极不稳定，在体内很快生成亚硝酸基（NO$_2^-$）和硝酸基（NO$_3^-$），故采用 Griess 法测定样品中的 NO$_2^-$作为衡量 NO 水平的指标。Griess 试剂 A：1g/L N-萘乙二胺盐酸盐。Griess 试剂 B：体积分数 ϕ（H$_3$PO$_4$）= %，10g/L 对氨基苯磺酰胺。使用前等体积混合试剂 A 和 B。

取对数生长期的 RAW 264.7 细胞，用 0.25%胰酶消化液消化，制成每毫升含 $1×10^6$ 个细胞的单细胞悬液，接种于 96 孔细胞培养板（每孔 200μl），每组设 3 个平行孔。培养 1h 后分别加入不同浓度的牡丹胶及 LPS（脂多糖）（终浓度 1μg/ml），同时设 LPS 组和空白对照组，置 37℃培养箱中培养 24h 后，吸取培养液上清 100μl 至酶标板中，加入等体积的 Griess 试剂，室温反应 5min 后测定 540nm 的吸光值。用浓度为 0μmol/L、1μmol/L、2μmol/L、5μmol/L、10μmol/L、20μmol/L、50μmol/L、100μmol/L 的 NaNO$_2$ 绘制标准曲线，根据 NaNO$_2$ 标准曲线计算细胞培养上清液中 NO$_2^-$的浓度及对 NO 释放的抑制率。抑制率计算公式为

$$NO 释放抑制率（\%）= \frac{[NO_2^-]LPS-[NO_2^-]LPS_{样品}}{[NO_2^-]LPS-[NO_2^-]_{空白}}×100\% \tag{7-3}$$

3. 细胞体外生长活性检测采用 MTT 法检测

细胞体外生长活性。吸取培养液上清 100μl 测定 NO 的浓度后，于上述 96 孔细胞培养板内每孔加入 4μl MTT（终浓度 200μg/ml），继续培养 4h 后弃去上清，吸干残留液，每孔加入 DMSO 100μl，振摇至生成的蓝紫色甲瓒结晶完全溶解后，以 630nm 为参比波长，用酶标仪测定 570nm 处的吸光值（A_{570}）。

$$细胞生长抑制率（\%）= \frac{1-实验组平均A_{570}值}{空白对照组平均A_{570}值}×100\% \tag{7-4}$$

7.3.3 实验结果

7.3.3.1 牡丹胶清除 DPPH 自由基能力测定结果

由图 7-2 可以看出,牡丹种子水胶粉有很好地清除 DPPH 自由基的作用,且有明显的剂量依赖性,当牡丹胶的浓度达到 0.8mg/ml 时对 DPPH 自由基的清除率达到 80%[阳性对照 BHT(2,6-二叔丁基-4-甲基苯酚)在此浓度下对 DPPH 自由基的清除率为 100%]。

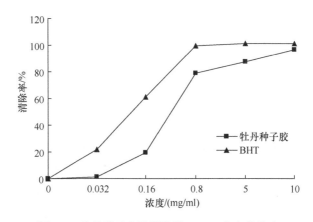

图 7-2 牡丹种子水胶粉清除 DPPH 自由基能力
Fig. 7-2 Removal of DPPH free radical ability of peony seeds glue

7.3.3.2 牡丹胶抗炎能力测定结果

1. Griess 法测牡丹胶对 LPS 刺激的 RAW 264.7 细胞 NO 产生的影响

牡丹胶对 LPS 诱导 RAW 264.7 细胞释放 NO 的抑制作用如图 7-3 所示,地塞米松在 5μg/ml 浓度时,抑制率为 52.2%。牡丹胶在 15.625μg/ml、31.25μg/ml、62.5μg/ml、125μg/ml、250μg/ml、500μg/ml、1000μg/ml 浓度时,抑制率分别为 6.6%、12.8%、26.0%、45.3%、56.9%、74.0%、97.4%。结果表明,牡丹胶具有一定的抗炎活性,且随浓度增加抗炎活性增强。

MTT 法测牡丹胶对 LPS 刺激的 RAW 264.7 细胞活力影响由图 7-4 可以看出,牡丹胶在 0~1000μg/ml 无细胞毒性。

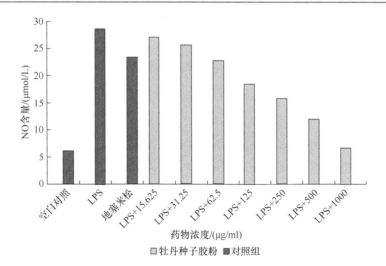

图 7-3　牡丹胶对 LPS 诱导 RAW 264.7 细胞释放 NO 的抑制作用

Fig. 7-3　Inhibiting effect on the release of NO from RAW 264.7 cell inducted bu LPS under peony seeds glue

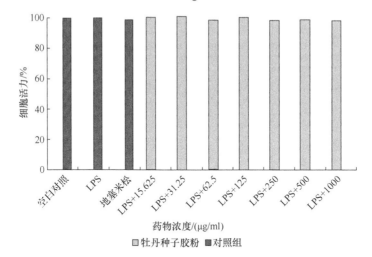

图 7-4　MTT 法测牡丹胶对 LPS 刺激的 RAW 264.7 细胞活力影响

Fig. 7-4　Effect on RAW 264.7 cell activity stimulated by LPS of peony seeds glue using MTT

7.4　牡丹胶外伤实验

7.4.1　实验材料、仪器与动物

7.4.1.1　实验材料和仪器

牡丹多糖水胶体，海藻多糖水胶体，市售药品（外用凝胶）。

7.4.1.2 实验动物

Wistar 大鼠，体重 250g，清洁级环境饲养。

7.4.2 实验方法

将大鼠背部毛发剪掉，在脊柱左右两侧无菌条件下由前到后分别做 6 个大小和深度相同的外伤创面，分别标号 A～F。A、B 涂抹牡丹多糖水胶体；C、D 涂抹海藻多糖水胶体；E、F 涂抹市售药品（外用凝胶），每个创面每次给药量相同。每天观察外伤创面愈合情况，并且照相，进行感官分析。

7.4.3 实验结果

每天观察外伤创面愈合情况，并且照相，共 4 d，进行感官分析。分析结果见表 7-2。

表 7-2　3 种药品对外伤创口愈合程度的影响
Tab.7-2　Effect of on the degree of wound healing under three drugs

天数	天数及药品	创面渗出液情况	伤口愈合情况	创面皮肤收缩情况	结痂情况
第 1 天	未给药	有大量渗出液	没有愈合迹象	没有收缩迹象	没有结痂迹象
	给药牡丹多糖水胶体	有少量渗出液	明显开始愈合	明显收缩	少量结痂
第 2 天	给药海藻多糖水胶体	有少量渗出液	明显开始愈合	明显收缩	少量结痂
	给药市售药品	有大量渗出液	伤口愈合不明显	没有明显收缩迹象	没有明显结痂迹象
	给药牡丹多糖水胶体	基本没有渗出液	伤口基本愈合	明显收缩	明显结痂
第 3 天	给药海藻多糖水胶体	基本没有渗出液	伤口基本愈合	明显收缩	明显结痂
	给药市售药品	渗出液明显	伤口愈合不明显	没有明显收缩迹象	没有明显结痂迹象
	给药牡丹多糖水胶体	没有渗出液	伤口基本愈合	明显收缩	明显结痂
第 4 天	给药海藻多糖水胶体	没有渗出液	伤口基本愈合	明显收缩	明显结痂
	给药市售药品	渗出液少量	伤口愈合不明显	没有明显收缩迹象	结痂迹象不明显

由表 7-2 可知，牡丹胶和海藻多糖水胶体对大鼠皮肤创面的愈合效果强于市售药品。

7.5　本　章　小　结

牡丹黄酮及其复方各剂量对已成型血栓的溶解作用与对照组相比较均有显著性差异，表明牡丹黄酮及其复方有溶栓作用。1mg/ml 浓度时，牡丹黄酮的血栓溶解率为 62.14%，高于阳性对照尿激酶溶液在此浓度下的溶解率（57.31%）。抗凝血和溶血栓实验显示牡丹黄酮可明显延长全血凝血时间，减少已成型血栓的质量及提高血栓的溶解率。本实验结果表明牡丹黄酮及其复方具有显著的体外抗凝血和溶血栓作用。

牡丹胶具有较好的抗氧化性，当牡丹胶的浓度达到 0.8mg/ml 时对 DPPH 自由基的清除率达到 80%。1mg/ml 浓度时，牡丹胶对 LPS 诱导 RAW 264.7 细胞释放 NO 的抑制率为 97.4%。在 0～1000μg/ml 无细胞毒性，并对伤口愈合有促进作用，是良好的医用伤口敷料原材料的选择。

第四篇

水溶性生物活性乳剂功能检测

第8章 迷迭香精油纳米乳

8.1 迷迭香简介

8.1.1 迷迭香的植物学特征

迷迭香（*Rosmarinus officinalis* L.），别名艾菊，系唇形科迷迭香属植物，原产于地中海沿岸一带，主产地为西班牙、摩洛哥、前南斯拉夫、保加利亚和突尼斯，后传入欧美等其他国家和地区。目前在英国、法国、意大利、西班牙等国均有大面积种植。据文献记载，在三国魏文帝时期，迷迭香自西域引入我国，但当时仅用于闻其特有的香味，直到 1981 年，中国科学院植物研究所作为香料作物从美国引进试种成功，目前在我国广西、云南、贵州、新疆和北京等地都有种植。

迷迭香，常绿小灌木，高 1～2m，有纤弱、灰白色的分枝，全株具香气。叶对生，无柄；叶片线形，革质，长 3～4cm，宽 2～4mm，上面暗绿色，平滑，下面灰色，被毛茸，有鳞腺，叶缘反转，下面主脉明显。花轮生于叶腋，紫红色，唇形；萼钟状，2 唇形，有粉毛；花冠 2 唇，筒部短，喉部广阔，上唇 2 瓣，下唇 3 裂，大型，凹面有紫点；雄蕊仅前方 1 对发育；子房 2 室，花柱微超出上唇外侧。小坚果 4，平滑，卵球形。7～10 月为迷迭香的花期。迷迭香的结实率低，种子成熟差，不易萌发；根系发达，主根入土层可达 20～30cm。

迷迭香为典型的地中海型植物，适合在日光充足、凉温干燥的地方生长，因其叶片本身就属于革质，所以较能耐旱，但不耐碱，不耐涝，适宜生长温度为 15～30℃，一般气温在–5℃以上可正常越冬，低于此温度会受到一定程度的冻害；夏季气温 35℃以上植株热休眠停止生长。迷迭香对土壤要求不严，微酸或微碱均生长良好，耐贫瘠，在丘陵山地、石砾土壤上也能正常生长，通透性好、疏松的沙壤土为最佳；不耐碱，轻度碱地上种植生长缓慢，严重者全株发黄干枯死亡；不耐涝，雨水过多的月份苗发黄落叶。在余天虹、陈训的研究中对新型资源植物迷迭香进行石灰土上的栽培实验，证明在贵州喀斯特石灰土生境中不仅能够生长，而且在土壤相对含水量为 15%～70%时长势良好。迷迭香属长日照植物，全年光照在 2000h 以上为宜，光照不足的话影响精油及抗氧化物有效成分的产量和质量。

迷迭香一次栽植，可多年采收。根据其生长情况，每年可采收 3～4 次，以 4～8 月的产量最高，每公顷每次采收鲜枝叶量 3750～5250kg。每次采收鲜叶及嫩茎，收割的干枝率为 41%～45%，如果采剪植株过小，费工费时，效益低；采收植株过大，则植株木质化程度高，有效成分降低，影响提取的精油和抗氧化剂的产量及质量。

8.1.2 迷迭香的化学成分

8.1.2.1 萜类

迄今为止从迷迭香中分离鉴定数量最多的是萜类成分，包括单萜、倍半萜、二萜及三萜类化合物。

1. 单萜和倍半萜

此类化合物比较复杂，主要存在于迷迭香挥发油中。由于不同产地的挥发油成分和含量不太一样，因此通过采用 GC-MS 方法测定的结果也各不相同。

2. 二萜类

此类成分主要为二萜酚和二萜醌类化合物，前者为迷迭香中主要抗氧化活性成分，目前已经从迷迭香茎、叶中分离鉴定的二萜酚类化合物有异迷迭香酚、表迷迭香酚、迷迭香酚、鼠尾草酚、铁锈醇、7-甲氧基迷迭香酚、7-乙氧基迷迭香酚、迷迭香二醛、鼠尾草酸、迷迭香二酚、迷迭香宁、异迷迭香宁；二萜醌类有次丹参醌、罗列酮和表丹参酮。从其根中分离得到：7-α-acetoxyroyleanone、6,7-去氢罗列酮、落羽松二醌、7-α-hydroxyroyleanone、horminone。

3. 三萜和甾醇类

从迷迭香分离获得的三萜多为三萜酸类，母核类型为乌索烷型、齐墩果烷型和羽扇烷型。已从其茎叶中分离鉴定了桦木醇、桦木酸、2β-羟基齐墩果酸、3β-羟基乌索烷、12,20（30）-二烯-17-酸、齐墩果酸、熊果酸、表-α-香树脂醇。从石油醚提取物中分离得到蒲公英苗醇、α-香树素、羽扇豆醇、蒲公英甾醇、日耳曼醇、胆甾醇、菜油甾醇、谷甾醇、白檀酮、α-白檀酮、β-白檀酮、3-O-乙酰基齐墩果酸、3-O-乙酰基熊果酸、表-α-香素树脂醇。

8.1.2.2 黄酮类

对迷迭香中的黄酮类成分研究得较早，迄今已从其茎、叶中分离鉴定了 20

余种黄酮类化合物，Brieskorn 和 Doemling（1969）从迷迭香的甲醇提取物中分离鉴定了 6-甲氧基木犀草素、5-羟基-7,4′-二甲氧基黄酮，5,1′-二羟基-7-甲氧基黄酮。Aeschbanor 等（1986）采用 TLC、柱色谱和 HPLC 等方法从其叶的甲醇提取物中分离鉴定了橙皮苷、香叶木苷、高车前苷、尼泊尔黄酮苷、芹菜素-7-葡萄糖苷、楔叶泽兰素-3′-O-葡萄糖苷、楔叶泽兰素-4′-O-葡萄糖苷、木犀草素-3′-O-葡萄糖醛酸苷和 3 个乙酰化衍生物；Brieskorn 和 Minorel（1968）从迷迭香叶水提取物的乙酸乙酯部分分离得到木犀草素、6-甲氧基木犀草素、香叶木素、芫花素-7-甲醚、粗毛豚草素，从其水相分离得到 6-甲氧基-3′,4′-二羟基黄酮-7-O-葡萄糖苷。从迷迭香叶的乙酸乙酯提取物中分得三裂鼠草素；Sendra 等（1969）用 PC 和 TLC 方法证明迷迭香叶提取物中含有木犀草素-7-葡萄苷；Ferreres 等（1994）用 MECC 方法分析迷迭香花蜜含有 3,5,7-三羟基黄酮、8-甲氧基山柰酚、槲皮素、木犀草素、山柰酚、芹菜素、白杨素、高粱姜素、松属素等黄酮类成分。

8.1.2.3　有机酸

有机酸类主要有迷迭香酸、咖啡酸、绿原酸、rosmic acid、阿魏酸、L-抗坏血酸等。

8.1.2.4　其他成分

除有机酸外，从迷迭香叶的角质层中还分离得到 15 个脂肪酸，用 GC-MS 鉴定了其中的 10 个，主要成分有 10,16-二羟基十六烷酸、9,10,18-三羟基十八烷酸、6,7,16-三羟基十烷酸。迷迭香叶中含有 97% 的烷烃、2.3% 的脂肪族环烯烃，其中饱和脂肪烃中包括 84% 的正烷烃和 16% 的支链烷烃。此外，迷迭香还含有 14～16 种氨基酸。

8.1.3　迷迭香精油的化学成分

迷迭香精油含有多种化学成分，其中萜类是最主要的成分，包括单萜、倍半萜等。根据 ISO 国际标准，迷迭香精油有两种类型，即突尼斯、摩洛哥型（Tunisian and Moroccan type）和西班牙型（Spanish type），二者成分相同，但各组分含量有所差异。国产迷迭香挥发油与国外的相比，其主要成分组成相同，优势成分都为 α-蒎烯、1,8-桉叶素、茨烯、樟脑和 β-蒎烯，其中，国产精油中这 5 种成分的比例占 82.68%，与国外的组成相近。在组成成分及其含量上，国产精油与西班牙型更为接近。

8.1.4　迷迭香精油的功能及应用进展

迷迭香精油已广泛应用于医药、日用化工、食品等领域，主要作为化妆品的原料及沙司、肉、禽、饮料等的调味料。在医药上它能有效地缓解由消化不良引起的胃痉挛、气胀，作为健胃药可以促进肠道蠕动、增强食欲、缓解小肠和胆道痉挛、增强肌肉收缩、促进胆汁分泌，可作为利胆剂；外用可以作为治疗风湿关节炎、肌肉疼痛的止痛剂。添加至沐浴液中可以促进皮肤的血液循环。迷迭香挥发油对金黄色葡萄球菌、大肠杆菌及霍乱菌有较好的抗菌作用。西班牙已用迷迭香水提物开发出具有防治脱发、秃发、头皮屑及刺激头发生长、增加头发韧性作用的专利洗发水。迷迭香精油还具有抑制胰岛素释放和提高血糖的作用。同时迷迭香精油可用于治疗肝炎，防止心脑血管疾病，具有提神醒脑、活化脑细胞、增强记忆力的功效。

8.2　迷迭香精油纳米乳对小鼠抗氧化作用研究

8.2.1　实验材料、仪器与动物

8.2.1.1　实验材料和仪器

迷迭香精油纳米乳	自制
DY89-1 玻璃匀浆器	宁波新芝生物科技股份有限公司
D37520 台式离心机	美国 Kendro 实验室产品公司
120-3038 型恒温水浴锅	北京博奥生物有限公司
Lambda Bio40 分光光度计	Perkin Elmer
MDF-U333 型-80 度冰箱	青岛海尔
DY-88B 型旋涡混匀器	江苏金坛市金城国胜实验仪器厂
生理盐水	哈药集团制药六厂
无水乙醇	天津市富宇精细化工有限公司
冰醋酸	天津市富宇精细化工有限公司
迷迭香精油纳米乳	东北林业大学森林植物生态学教育部重点实验室
迷迭香精油	东北林业大学森林植物生态学教育部重点实验室
维生素 E 胶丸	天津市中央药业有限公司

蒸馏水	东北林业大学森林植物生态学教育部重点实验室
SOD 试剂盒（批号：20081211）	南京建成生物工程研究所
MDA 试剂盒（批号：20081211）	南京建成生物工程研究所
CAT 试剂盒（批号：20081211）	南京建成生物工程研究所
GSH-Px 试剂盒（批号：20081211）	南京建成生物工程研究所
考马斯亮蓝蛋白试剂盒（批号：20081211）	南京建成生物工程研究所

8.2.1.2 实验动物

健康昆明种小鼠 36 只，雌雄各半，体重 25～30g，由黑龙江双城市富兴孵化场提供。小鼠在鼠房适应 36h 后准备给药。给药前 12h 禁食，不禁水。

8.2.2 实验方法

8.2.2.1 气相-质谱（GC-MS）法分析迷迭香精油的组成及含量

色谱条件：毛细管色谱柱 DB-17MS，柱长 30m，内径 0.25mm，膜厚 0.25μm，进样口温度 280℃，载气为氮气，柱流量 1ml/min，进样量 1μl，分流比 50∶1。柱温 40℃，保持 4min，以 10℃/min 升温速度升至 165℃并保持 15min，再以 5℃/min 升至 200℃，保持 5min，以 10℃/min 升至 250℃保留 10min。

质谱条件：EI-MS 离子源，离子源温度 230℃，倍增器 1600V，发射电流 15μA，扫描范围 15～500amu。迷迭香粗油检测时，需进行适当稀释。本节中精油检测时采用乙酸乙酯稀释 50 倍（体积比）。

8.2.2.2 动物分组及饲养条件

36 只小鼠随机分为 6 组，即正常组、模型组、精油高剂量组、精油低剂量组、纳米乳高剂量组、纳米乳低剂量组。每组 6 只。分笼饲养，每笼 3 只，雌雄分笼。室内安静，自然光照，通风良好，室温 20～22℃，湿度 45%～65%，饲料为全价颗粒小鼠饲料，每 2d 更换一次垫料并进行室内消毒。

8.2.2.3 给药方法

所有组每天灌胃一次。一共灌胃 30d。正常组，0.09ml 生理盐水；阳性对照组，0.09ml 维生素 E；精油高剂量组，0.09ml 迷迭香精油；精油低剂量组，0.045ml 迷迭香精油；纳米乳高剂量组，0.3ml 迷迭香精油纳米乳；纳米乳低剂量组，0.15ml 迷迭香精油纳米乳。

8.2.2.4　取材

实验第 31 天对各组小鼠进行摘眼球采血，并离心取全血置于有肝素钠的离心管（120mg 肝素钠溶于 12ml 生理盐水中，混匀制得肝素钠溶液，于每个离心管中加入 0.1ml 肝素钠溶液，旋转离心管使肝素钠溶液挂壁，置于 37℃烘箱中烘干，备用）中，放入–80℃冰箱中备用。解剖小鼠，取其心、肝、脾、肺、肾，用冰冷的生理盐水漂洗，除去血液，滤纸拭干，称重，放入–80℃冰箱中保存待测。

8.2.2.5　样本的前处理

1. 血浆的处理

将振摇后的血液立即于 12 000r/min 离心 10min，吸取上清血浆于另一干净离心管中，放入–80℃冰箱中保存待测。

2. 10%组织匀浆的制备

首先，取组织块（0.2～1g），用冰冷的生理盐水漂洗，除去血液，滤纸拭干，称重，放入 5～10ml 的小烧杯中。

其次，用量筒量取预冷的生理盐水，生理盐水的量应为组织质量的 9 倍。用移液枪将总量 2/3 的生理盐水移入小烧杯。用眼科小剪尽快剪碎组织块。然后，将剪碎的组织倒入玻璃匀浆管中，再将剩下的 1/3 生理盐水用来冲洗残余在小烧杯中的碎组织一起倒入玻璃匀浆管中进行匀浆，左手持匀浆管将下端插入盛有冰水的器皿中，右手将杆垂直插入套管中上下转动研磨数 10 次（6～8min），充分磨碎，使组织匀浆化。

最后，将制备好的 10%匀浆用低温离心机 3000r/min 左右离心 10～15min。将离心好的匀浆留上清弃下面沉淀。

8.2.2.6　最佳取样量和最佳取样浓度确定的预实验

1. 确定最佳取样量的方法

取样量分别为 10μl、30μl、50μl，然后计算，（对照管吸光度–测定管吸光度）/对照管吸光度，其结果应该在 0.15～0.55，即百分抑制率在 15%～55%（此段曲线基本呈直线关系），再取百分抑制率在 48%～50%的一管作为最佳取样量，若百分抑制率大于 60%时（曲线的平坦部分），则需要将样品浓度稀释或减少取样量后再测试；若百分抑制率小于 20%时，则需将样品量加大后测试。

2. 确定最佳取样浓度的方法

分别取 10%、5%、1%的匀浆 200μl 进行测试，然后进行计算：抑制率=（对照管 OD 值–测定管 OD 值）/标准空白管 OD 值×100%，结果应该在 15%～55%，然后取百分抑制率在 45%或 50%左右的一管作为最佳取样浓度，若百分抑制率大于 60%时（曲线的平坦部分），则需要将样品浓度稀释或减少取样量后再测试；若百分抑制率小于 20%时，则需将样品量加大后测试。

8.2.2.7　生化指标检测

1. MDA 测定

按照 MDA 测定试剂盒说明书进行操作，步骤如表 8-1 所示。

表 8-1　MDA 的含量测定
Tab. 8-1　MDA content assay

试剂	标准管	标准空白管	测定管	测定空白管
10nmol/ml 标准品/ml	0.1			
无水乙醇/ml		0.1		
测试样品/ml			0.1	0.1
试剂 1/ml	0.1	0.1	0.1	0.1
混匀（摇动几下试管架）				
试剂 2/ml	3	3	3	3
试剂 3/ml	1	1	1	
50%冰醋酸/ml				1

混匀后，95℃水浴 40min，取出后流水冷却，然后 3500r/min 离心 10min，取上清液，采用分光光度计 532nm 处、1cm 光径、蒸馏水调零条件下，检测吸光度值。

计算公式如下。

（1）血浆中 MDA 含量计算公式：

$$MDA含量 = \frac{测定管OD值 - 测定空白管OD值}{标准管OD值 - 标准空白管OD值} \times 标准品浓度 \times 样本测定前稀释倍数 \tag{8-1}$$

（2）组织中 MDA 含量计算公式：

$$MDA含量 = \frac{测定管OD值 - 测定空白管OD值}{标准管OD值 - 标准空白管OD值} \times 标准品浓度 / 蛋白质含量 \tag{8-2}$$

2. SOD 测定

按照 SOD 测定试剂盒说明书进行操作，步骤如表 8-2 所示。

表 8-2　SOD 的活力测定
Tab. 8-2　SOD activity assay

试剂	测定管	对照管
试剂 1/ml	1.0	1.0
样品/ml	a	
蒸馏水/ml		a
试剂 2/ml	0.1	0.1
试剂 3/ml	0.1	0.1
试剂 4/ml	0.1	0.1
用旋涡混匀器充分混匀，置 37℃恒温水浴 40min		
显色剂/ml	2	2

注：a 代表样本取样量和蒸馏水取样量相同

混匀后，室温放置 10min，于波长 550nm 处、1cm 光径、蒸馏水调零条件下，检测吸光度值。

计算公式如下。

（1）血浆中 SOD 含量计算公式：

$$总SOD活力 = \frac{对照管OD值 - 测定管OD值}{对照管OD值} \div 50\% \times \tag{8-3}$$

反应体系的稀释倍数 × 样本测试前的稀释倍数

（2）组织中 SOD 含量计算公式：

$$总SOD活力 = \frac{对照管OD值 - 测定管OD值}{对照管OD值} \div 50\% \times \tag{8-4}$$

反应液总体积 ÷ 取样量 ÷ 组织中蛋白质含量

3. CAT 测定

按照 CAT 测定试剂盒说明书进行操作，步骤如表 8-3 所示。

表 8-3　CAT 活力测定
Tab. 8-3　CAT activity assay

试剂	对照管	测定管
血浆（ml）/组织匀浆（ml）		0.1/0.05
试剂 1（37℃预温）/ml	1.0	1.0
试剂 2（37℃预温）/ml	0.1	0.1
混匀，37℃准确反应 1min（60s）		
试剂 3/ml	1.0	1.0
试剂 4/ml	0.1	0.1
血浆（ml）/组织匀浆（ml）	0.1/0.05	

混匀，405nm 处、0.5cm 光径、蒸馏水调零条件下，测定吸光度。

计算公式如下。

（1）血浆中 CAT 含量计算公式

CAT活力=（对照管OD值–测定管OD值）×271÷60÷取样量×样本测试前稀释倍数　（8-5）

（2）组织中 CAT 含量计算公式

CAT 活力=（对照管 OD 值–测定管 OD 值）×271÷60÷取样量/匀浆蛋白含量 　（8-6）

4. GSH-Px 测定

按照 GSH-Px 测定试剂盒说明书进行操作，步骤如表 8-4 所示。

表 8-4　GSH-Px 活力测定
Tab. 8-4　GSH-Px activity assay

酶促反应		
试剂	非酶管（对照管）	酶管（测定管）
1mmol/L GSH/ml	0.2	0.2
血浆样本（ml）/组织样本（ml）		0.1/0.2
37℃水浴预温 5min		
试剂 1（37℃预温）/ml	0.1	0.1
37℃水浴准确反应 5min		
试剂 2/ml	2	2
血浆样本（ml）/组织样本（ml）	0.1/0.2	
混匀，3500～4000r/min，离心 10min，取上清液 1ml 作显色反应		

显色反应			
试剂	空白管	标准管	非酶管	酶管
GSH 标准品溶剂应用液/ml	1			
20μmol/L GSH 标准液/ml		1		
上清液/ml			1	1
试剂 3/ml	1	1	1	1
试剂 4/ml	0.25	0.25	0.25	0.25
试剂 5/ml	0.05	0.05	0.05	0.05

混匀，室温静置 15min 后，412nm 处、1cm 光径比色杯、蒸馏水调零条件下，测各管 OD 值。

计算公式如下。

（1）血浆中 GSH-Px 含量计算公式

$$\text{GSH-Px酶活力}=\frac{\text{非酶管OD值}-\text{酶管OD值}}{\text{标准管OD值}-\text{空白管OD值}}\times\text{标准管浓度}\times \text{稀释倍数}\times\text{样本测试前稀释倍数}　（8-7）$$

（2）组织中 GSH-Px 含量计算公式

$$\text{GSH-Px酶活力} = \frac{\text{非酶管OD值} - \text{酶管OD值}}{\text{标准管OD值} - \text{空白管OD值}} \times \text{标准管浓度} \times \tag{8-8}$$

$$\text{稀释倍数} \div \text{反应时间} \div (\text{取样量} \times \text{样本蛋白质含量})$$

5. 考马斯亮蓝蛋白测定

按照考马斯亮蓝蛋白测定试剂盒说明书进行操作，步骤如表 8-5 所示。

表 8-5　蛋白质含量测定
Tab. 8-5　Protein content assay

试剂	空白管	标准管	测定管
蒸馏水/ml	0.05		
0.563g/L 标准液/ml		0.05	
样品/ml			0.05
考马斯亮蓝显色剂	3.0	3.0	3.0

混匀，静置 10min，于 595nm 处、1cm 光径、蒸馏水调零条件下，测各管 OD 值。

计算公式：

$$\text{蛋白质含量} = \frac{\text{测定管OD值} - \text{空白管OD值}}{\text{标准管OD值} - \text{空白管OD值}} \times \text{标准管浓度} \tag{8-9}$$

8.2.2.8　统计学处理

应用 SPSS 13.0 统计软件进行统计学分析。数据采用 $\bar{X} \pm s$ 表示，用 t 检验方法统计处理。

8.2.3　结果与分析

8.2.3.1　GC-MS 测定迷迭香精油

按 8.2.2.1 项下 GC-MS 方法分析迷迭香精油，经解析并与计算机标准图谱对照，鉴定其化学成分组成并确定其相对含量。色谱图及组成见图 8-1 和表 8-6。

8.2.3.2　预实验结果

预实验的目的是把最佳取样量和最佳取样浓度的百分抑制率控制在 48%～50%。因为这样做对科研结果分析及 t 检验有很大帮助。若百分抑制率大于 60%或小于 10%，各个测定组的结果在 t 检验中常常无显著性差异。由

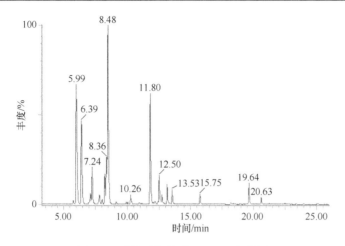

图 8-1　迷迭香粗精油 GC-MS 色谱图

Fig. 8-1　GC-MS chromatography spectrum of essential oil from *Rosmarinus officinalis*

表 8-6　迷迭香粗精油组成

Tab. 8-6　**Composition of essential oil from *Rosmarinus officinalis***

化学成分	分子式
α-pinene（蒎烯）	$C_{10}H_{16}$
camphene（莰烯）	$C_{10}H_{16}$
β-pinene（蒎烯）	$C_{10}H_{16}$
α-phellandrene（水芹烯）	$C_{10}H_{16}$
α-terpinene（松油烯）	$C_{10}H_{16}$
p-cymene（对-聚伞素）	$C_{10}H_{14}$
limonene（柠檬烯）	$C_{10}H_{16}$
1,8-cineole（桉叶素）	$C_{10}H_{16}O$
γ-terpinene（松油烯）	$C_{10}H_{16}$
linalool（芳樟醇）	$C_{10}H_{18}O$
verbenone（马鞭草酮）	$C_{10}H_{14}O$
camphor（樟脑）	$C_{10}H_{16}O$
α-terpineol（松油烯醇）	$C_{10}H_{18}O$
borneol（龙脑）	$C_{10}H_{18}O$
bornyl acetate（乙酸龙脑酯）	$C_{12}H_{20}O_2$
β-caryophyllene（石竹烯）	$C_{15}H_{24}$

表 8-7 可以看出,最佳取样量和最佳取样浓度与说明书上原始给的数据不一样,可以说明不同的样本,要先经过预实验才能确定所测样本的最佳取样量和最佳取样浓度。

表 8-7　小鼠血浆和组织预实验结果

Tab. 8-7　In plasma and tissues of mice pre-experimental results

血浆		心		肝		脾		肺		肾	
		取样量/ml	浓度/%	取样量/ml	浓度/%	取样量/ml	浓度/%	取样量/ml	浓度/%	取样量/ml	浓度/%
MDA	水浴 40min	0.1	5	0.1	5	0.1	5	0.1	5	0.1	5
CAT	水浴 40min	0.05	1	0.05	1	0.05	1	0.05	1	0.05	1
SOD	水浴 40min	45	1	10	1	50	1	20	1	40	1
GSH-Px	稀释 2 倍	0.4	10	0.4	10	0.4	10	0.4	10	0.4	5

8.2.3.3　生化指标检测结果与分析

1. MDA 测定结果与分析

MDA 测定原理是过氧化脂质降解产物中的丙二醛（MDA）与硫代巴比妥酸（TBA）缩合，形成红色产物。通过其最大吸收峰 532nm 处测定吸光度值。

机体通过酶系统与非酶系统产生氧自由基，后者能攻击生物膜中的多价不饱和脂肪酸（polyunsaturated fatty acid，PUFA），引发脂质过氧化作用，并因此形成脂质过氧化物，如醛基（丙二醛 MDA）、酮基、羟基、羰基、氢过氧基或内过氧基，以及新的氧自由基等。脂质过氧化作用不仅把活性氧转化成活性化学剂，即非自由基性的脂类分解产物，而且通过链式或链式支链反应，放大活性氧的作用。因此，初始的一个活性氧能导致很多脂类分解产物的形成，这些分解产物中，一些是无害的，另一些则能引起细胞代谢及功能障碍，甚至死亡。氧自由基不但通过生物膜中多价不饱和脂肪酸（PUFA）的过氧化引起细胞的损伤，而且能通过脂氢过氧化物的分解产物引起细胞损伤。

MDA 的高低可反映机体内脂质过氧化的程度，间接反映出细胞损伤的程度。由表 8-8 和表 8-9 中可以看出，在小鼠肝脏中，阳性对照组与乳高剂量组间有显著性差异（$P<0.05$）；在小鼠肺中，正常组与乳高剂量组间有显著性差异（$P<0.05$）；阳性对照组与乳高剂量组间有显著性差异（$P<0.05$）。其他组织和血浆中均无显著性差异。

此结果说明，与阳性对照组相比，乳高剂量组中肝、肺 MDA 含量明显下降，高剂量的乳可分别降低肝、肺 MDA 含量 33.68%、27.3%。其他组织和血浆中均无显著性差异。表明迷迭香精油纳米乳可剂量依赖地降低小鼠多个重要组织的 MDA 含量，对小鼠体内脂质过氧化的抵抗具有良好的效果。

表 8-8　小鼠血浆和组织 MDA 实验结果

Tab. 8-8　MDA in plasma and tissues of mice results

类型 组别	MDA/（nmol/mg 蛋白质）		
	血浆（$\bar{X} \pm s$）	心（$\bar{X} \pm s$）	肝（$\bar{X} \pm s$）
正常组	40.07±9.17	4.57±1.91	1.27±0.94
阳性对照组	39.05±12.00	4.39±2.90	0.95±0.52
精油高剂量组	50.02±10.60	7.90±3.32	2.04±1.44
精油低剂量组	41.87±11.46	6.85±1.59	1.53±0.52
乳高剂量组	47.26±9.65	8.57±3.05	0.63±0.11b
乳低剂量组	39.96±15.94	6.02±2.43	0.84±0.38

注：b 表示与阳性对照组相比差异显著（$P<0.05$）

表 8-9　小鼠组织 MDA 实验结果

Tab. 8-9　MDA mice results

类型 组别	MDA/（nmol/mg 蛋白质）		
	脾（$\bar{X} \pm s$）	肺（$\bar{X} \pm s$）	肾（$\bar{X} \pm s$）
正常组	5.72±6.44	1.47±0.34	1.67±0.39
阳性对照组	2.37±0.63	1.43±0.25	1.33±0.82
精油高剂量组	2.72±0.86	2.44±0.67	2.89±0.48
精油低剂量组	2.52±0.86	2.44±0.67	2.89±0.48
乳高剂量组	2.86±0.45	1.04±4.70ab	2.00±0.62
乳低剂量组	3.05±1.58	1.30±0.76	2.37±1.22

注：a 表示与正常组相比差异显著（$P<0.05$），b 表示与阳性对照组相比差异显著（$P<0.05$）

2. CAT 测定结果与分析

CAT 测定原理是过氧化氢酶（CAT）分解 H_2O_2 的反应可通过加入钼酸铵而迅速中止，剩余的 H_2O_2 与钼酸铵作用产生一种淡黄色的络合物，在 405nm 处测定其生成量，可计算出 CAT 的活力。

CAT 的主要生理作用就是催化对生物体有毒害作用的 H_2O_2 分解为 H_2O+O_2，使得 H_2O_2 不至于与 $O_2\cdot$在螯合物作用下反应生成非常有害的·OH，以减少自由基和过氧化脂质的形成，因而减少过氧化物对机体的损害，在阻断自由基链式反应中起着关键作用，故 CAT 活力的高低直接影响机体的抗氧化能力和健康状况。由表 8-10 和表 8-11 可以看出，在小鼠心器官中，精油高剂量组、精油低剂量组与正常组间有显著性差异（$P<0.05$）；精油低剂量组、乳高剂量组与阳性对照组间有显著性差异（$P<0.05$）；其他组织和血浆中均无显著

性差异。

此结果说明，与阳性对照组相比，精油低剂量组与乳高剂量组可显著提高小鼠心组织 CAT 活力，分别增高 22.66% 和 28.25%。可见乳剂提高小鼠心组织 CAT 活力的能力强于精油。其他组织和血浆中均无显著性差异。迷迭香精油纳米乳可剂量依赖地提高小鼠心脏组织的 CAT 活性，增加其抗氧化能力。

表 8-10　小鼠血浆和组织 CAT 实验结果

Tab. 8-10　CAT in plasma and tissues of mice results

类型 组别	CAT/（U/ml）		
	血浆（$\bar{X} \pm s$）	心（$\bar{X} \pm s$）	脾（$\bar{X} \pm s$）
正常组	0.78±0.33	5.18±3.19	14.72±19.70
阳性对照组	0.68±0.51	7.15±2.94	6.39±0.95
精油高剂量组	0.98±0.36	8.31±1.41a	7.27±1.29
精油低剂量组	0.59±0.20	8.77±4.06ab	7.66±2.82
乳高剂量组	0.70±0.21	9.17±1.42b	6.17±2.49
乳低剂量组	0.53±0.38	7.85±3.12	5.98±2.00

注：a 表示与正常组相比差异显著（$P<0.05$），b 表示与阳性对照组相比差异显著（$P<0.05$）

表 8-11　小鼠组织 CAT 实验结果

Tab. 8-11　CAT mice results

类型 组别	CAT/（U/ml）	
	肺（$\bar{X} \pm s$）	肾（$\bar{X} \pm s$）
正常组	10.71±1.53	48.09±8.01
阳性对照组	8.55±4.94	48.02±13.19
精油高剂量组	8.77±2.95	80.44±44.48
精油低剂量组	7.33±3.80	120.22±71.41
乳高剂量组	8.20±2.84	68.71±28.63
乳低剂量组	9.65±3.57	76.55±18.50

3. SOD 测定结果与分析

SOD 测定原理是通过黄嘌呤及嘌呤氧化酶反应系统产生超氧阴离子自由基（$O_2^- \cdot$），后者氧化羟胺形成亚硝酸盐，在显色剂的作用下呈现紫红色。

超氧化物歧化酶（SOD）是体内对抗自由基的抗氧化剂，是唯一能特异性清除氧自由基的酶，具有防止自由基生成和蓄积，保护细胞膜免受其毒害的作用。对机体的氧化与抗氧化平衡起着重要作用，是机体抗自由基损伤的重要防御机制。大量的研究表明，随着年龄的增长，SOD 逐渐减少，导致体内自由基浓度增加，过氧化反应加强，破坏组织细胞，使组织功能下降，最终引起机体衰老或死亡。因而，SOD 活力的高低与衰老有着密切的联系。

由表 8-12 可以看出，在小鼠心器官中，阳性对照组与乳低剂量组间有显著性差异（$P < 0.05$）。其他组织和血浆中均无显著性差异。

表 8-12 小鼠组织 SOD 实验结果
Tab. 8-12 SOD mice results

类型\组别	SOD（U/mg 蛋白质）		
	心（$\overline{X} \pm s$）	肝（$\overline{X} \pm s$）	脾（$\overline{X} \pm s$）
正常组	201.84±67.96	529.63±527.34	44.48±17.60
阳性对照组	218.24±62.58	374.13±214.55	80.53±23.45
精油高剂量组	218.18±13.37	293.50±90.57	49.54±24.02
精油低剂量组	184.53±54.85	416.96±188.14	48.78±22.48
乳高剂量组	231.26±37.18	528.00±252.62	60.52±29.68
乳低剂量组	292.31±57.96b	346.06±183.80	60.73±31.93

注：b 表示与阳性对照组相比差异显著（$P < 0.05$）

此结果说明，与阳性对照组相比，乳低剂量组可显著提高心脏组织 SOD 活力，增高了 33.94%。其他组织和血浆中均无显著性差异。表明迷迭香精油纳米乳可以提高小鼠心脏的 SOD 活力，增加其组织抗氧化能力。

4. GSH-Px 测定结果与分析

GSH-Px 测定原理是谷胱甘肽过氧化物酶（GSH-Px）可以促进过氧化氢（H_2O_2）与还原型谷胱甘肽（GSH）反应生成 H_2O 及氧化型谷胱甘肽（GSSG），谷胱甘肽过氧化物酶的活力可用其酶促反应的速度来表示，测定此酶促反应中还原型谷胱甘肽的消耗，则可求出酶的活力。谷胱甘肽过氧化物酶的活力以催化 GSH 的反应速度来表示，由于这两个底物在没有酶的条件下，也能进行氧化还原反应（称非酶促反应），因此最后计算此酶活力时必须扣除非酶促反应所引起的 GSH 减少的部分。

在小鼠肝器官中，乳低剂量组与阳性对照组间有显著性差异（$P < 0.05$），其他组织和血浆中均无显著性差异（表 8-13，表 8-14）。

此结果说明，与阳性对照组相比，乳低剂量组可使肝组织 GSH-Px 酶的活力显著提高，升高 47.47%。其他组织和血浆中均无显著性差异。由此可知，迷迭香精油纳米乳可依赖地提高小鼠肝组织的 GSH-Px 酶的活力，增加其抗氧化能力。

表 8-13　小鼠血浆和组织 GSH-Px 实验结果

Tab. 8-13　**Mouse plasma and tissues GSH-Px experimental results**

类型 组别	GSH-Px（酶活力单位）		
	血浆（$\overline{X} \pm s$）	心（$\overline{X} \pm s$）	肝（$\overline{X} \pm s$）
正常组	488.47±126.98	32.67±10.23	17.73±6.53
阳性对照组	517.07±247.00	33.52±12.26	23.34±24.01
精油高剂量组	393.46±111.29	55.50±22.34	12.21±4.57
精油低剂量组	528.57±58.57	56.13±17.85	12.47±12.85
乳高剂量组	442.00±57.33	40.81±30.79	26.40±13.43
乳低剂量组	355.87±117.90	53.89±19.70	34.42±2.69b

注：b 表示与阳性对照组相比差异显著（$P<0.05$）

表 8-14　小鼠组织 GSH-Px 实验结果

Tab. 8-14　**GSH-Px mice results**

类型 组别	GSH-Px（酶活力单位）		
	脾（$\overline{X} \pm s$）	肺（$\overline{X} \pm s$）	肾（$\overline{X} \pm s$）
正常组	87.28±138.00	43.35±22.67	9.78±3.95
阳性对照组	37.08±11.58	30.87±7.59	7.25±2.63
精油高剂量组	35.32±8.93	33.74±10.16	6.05±3.17
精油低剂量组	42.89±9.33	32.46±6.55	11.08±7.54
乳高剂量组	29.39±9.51	55.53±59.51	8.24±1.69
乳低剂量组	36.91±17.89	27.58±10.96	7.90±2.95

8.3　本章小结

在小鼠体内实验中，考察了迷迭香精油、迷迭香精油纳米乳对小鼠血浆、心、肝、脾、肺、肾组织匀浆的 SOD 酶活力的影响、CAT 酶活力的影响、GSH-Px 酶活力的影响、MDA 含量的影响。得到了如下结果。

（1）与阳性对照组相比，乳高剂量组中肝、肺 MDA 含量明显下降，高剂量的乳可分别降低肝、肺 MDA 含量 33.68%、27.3%。其他组织和血浆中均无显著性差异。表明迷迭香精油纳米乳可剂量依赖地降低小鼠多个重要组织的 MDA 含量，对小鼠体内脂质过氧化的抵抗具有良好的效果。

（2）与阳性对照组相比，精油低剂量组与乳高剂量组可显著提高小鼠心组织 CAT 活力，分别增高 22.66%和 28.25%。可见乳剂提高小鼠心组织 CAT 活力的能力强于精油。其他组织和血浆中均无显著性差异。迷迭香精油纳米乳可剂量依赖地提高小鼠心脏组织的 CAT 活性，增加其抗氧化能力。

（3）与阳性对照组相比，乳低剂量组可显著提高心脏组织 SOD 活力，增高了 33.98%。其他组织和血浆中均无显著性差异。表明迷迭香精油纳米乳可以提高小鼠心脏的 SOD 活力，增加其组织抗氧化能力。

（4）与阳性对照组相比，乳低剂量组可使肝组织 GSH-Px 酶的活力显著提高，升高 47.47%。其他组织和血浆中均无显著性差异。由此可知，迷迭香精油纳米乳可依赖地提高小鼠肝组织的 GSH-Px 酶的活力，增加其抗氧化能力。

参 考 文 献

白喜婷, 朱文学, 罗磊, 等. 2009. 牡丹籽提取物的抑菌特性研究. 中国酿造, (3): 59-62.

曹建国, 赵则海, 杨逢建, 等. 2005. 刺五加叶中金丝桃苷含量的测定. 植物学通报, 22(2): 203-220.

常津, 刘海峰, 姚康德. 2000. 医用纳米控释系统的研究进展. 中国生物医学工程学报, 19(4): 425.

陈军, 易以木. 2002. 纳米粒作为肽类和蛋白质类药物的载体. 药学进展, 26(1): 22.

淳于家龙, 郭丽娜, 张长顺. 2002. 无梗五加化学成分与药理活性的研究进展. 中国药业, 11(12): 73-74.

丁寅, 袁红宇, 郭立伟, 等. 2002. 负载士的宁纳米微粒研究. 南京中医药大学学报(自然科学版), 18(3): 156.

董艳辉. 2007. 刺五加糖苷的提取及纯化研究. 长春: 东北师范大学硕士学位论文.

段明星, 乐志操, 马红, 等. 1999. 氰基丙烯酸酯包裹胰岛素康纳米颗粒的结构. 中国药学杂志, 34(1): 23-26.

樊金玲, 朱文学, 马海乐, 等. 2007. 高效液相色谱-电喷雾质谱法分析牡丹花中花色苷类化合物. 食品科学, 28(8): 367-371.

范明, 林惠萍, 范榕. 1991. 牡丹皮煎煮时间对其抑菌作用的影响. 中药材, 14(2): 41-43.

冯大志, 李芳, 柏冬, 等. 2007. 高效液相色谱法测定刺五加浸膏中苷 E 的含量. 中华中医药学刊, 25(8): 1725-1726.

何春年, 肖伟, 李敏, 等. 2010. 牡丹种子化学成分研究. 中国中药杂志, 35(11): 1428-1431.

胡爱军, 丘泰球. 2002. 超临界流体结晶技术及其应用研究. 化工进展, 2: 127-130.

胡过勤, 张从良, 陈琪, 等. 2005. 超临界溶液快速膨胀法制备灰黄霉素微粒. 中国医药工业杂志, 36(4): 211-212.

胡文祥, 桑宝华, 谭生健. 1998. 分子纳米技术在生物医药领域的应用. 化学通报, 5: 32-38.

胡彦龙, 周丹丹, 韩凤文. 2010. 甘草酸二胺临床疗效研究. 黑龙江医药, 23(1): 97-98.

黄群荣. 2011. 甘草酸的药理作用研究进展. 药物评价研究, 34(5): 384-387.

焦正花, 顾秀琰, 杨小源, 等. 2007. RP-HPLC 法测定刺五加注射液中紫丁香苷、紫丁香树脂苷的含量. 中国中医药信息杂志, 14(8): 50-51.

金宏. 2000. 浅谈甘草药理作用. 时珍国医国药, 11(1): 78-79.

赖珍荃. 1998. 介观体系及其新进展. 自然杂志, 20(5): 259-263.

蓝海, 严灿, 徐勤. 2002. 对纳米技术运用于中药研究的新路径思考. 医学与哲学, 23(9)(总 256): 54-55.

劳凤云, 刘正猛, 王洪波. 2008. 淡豆豉多糖的提取及其清除自由基的活性研究. 现代预防医学, 35(10): 1909-1910.

李凤生. 1994. 我国超细粉体技术研究中一些重要而急待解决的问题. 化工进展, (3): 46-49.

李凤生. 2000. 超细粉体技术. 北京: 国防工业出版社.

李凤生. 2002. 特种超细粉体技术. 北京: 国防工业出版社.

李国康, 杨云川, 朱英杰. 2003. 气流粉碎法制备超细粉体的效应分析. 中国粉体技术, 9(1): 15-17.

李佳, 金晶, 黄芝瑛. 2008. 上下法在急性毒性试验中的应用进展. 中国比较医学杂志, 18(6): 70-72.

李凯, 周宁, 李赫宇. 2012. 牡丹花、牡丹籽成分与功能研究进展. 食品研究与开发, 33(3): 228-230.

李亚青. 2000. 技术创新与纳米生产技术产业化问题. 科学研究, 18(1): 83-90.

李咏雪, 王春龙, 李杰. 2002. 纳米技术在现代中药制剂中的应用. 中医药, 33(8): 673-675.

李战. 2003. 纳米技术和纳米中药的研究进展. 上海中医药杂志, 37(1): 61-64.

李忠. 2004. 纳米——构筑中医药的明天. www.999.com.cn[2015-8-20].

林元华. 2001. 纳米技术——人类的又一次革命. 国外科技动态, 366(1): 11-13.

铃木幸子. 1983. 丹皮酚的中枢作用. 国外医学中医中药分册, 5: 54.

刘明言, 元英进, 朱世斌. 2002. 中药现代化进展. 中草药, 33(3): 193.

刘起华, 张萱, 程会平. 2006. 高效液相色谱法测定刺五加浸膏中异嗪皮啶的含量. 时珍国医国药(药理药化版), 17(9): 2.

刘艳文. 2010. 甘草酸对中毒剂量下马钱子碱代谢动力学影响及解毒机制研究. 长沙: 中南大学硕士学位论文.

刘阳. 2010. 刺五加主要活性成分的提取分离和微粉化制备. 哈尔滨: 东北林业大学硕士学位论文.

刘莹, 惠玉虎. 2000. 刺五加提取物中紫丁香苷、紫丁香树脂苷的 HPLC 测定法. 中草药, 31(8): 587-588.

卢炜, 李芳. 2002. 静滴强力宁注射液诱发肝性腹水 7 例报告. 滨州医学院学报, 25(2): 153.

马丽敏, 张强, 李玉珍, 等. 2001. 胰岛素聚酯纳米粒的制备及药学研究. 中国药学杂志, 36(1): 38.

孟庆繁, 于笑坤, 徐睦芸, 等. 2005. 刺五加多糖的提取及其抗氧化性. 吉林大学学报(理学版), 43(5): 683-686.

奇货. 2002. 纳米中药: 进入临床. 中国科技信息, (5): 4-7.

阮湘华, 肖晓春. 2000-12-12. 纳米中药浮出水面. 科技日报, 第 007 版.

沙先谊. 2005. 9-硝基喜树碱小肠吸收机理及其自微乳化给药系统的研究. 上海: 复旦大学博士学位论文.

绍伟, 谢清春, 王春秀, 等. 2002. 槲皮素-羟丙基-β-环糊精包化合物的研究. 中药材, 25(2): 121.

宋存先, 杨箐, 孙洪范, 等. 1998. 心血管内局部定位药物缓释体系的实验研究. 中国心血管杂志, 3(2): 70-72.

孙红武. 2007. 黄连素纳米乳给药系统的研究. 杨凌: 西北农林科技大学博士学位论文.

孙进. 2006. 口服药物吸收与运转. 北京: 人民卫生出版社: 304.

孙绍美, 刘俭, 宋玉梅, 等. 1996. 五加皮及其混乱品种的药理作用研究. 中国实验动物学报, 4(1): 16-18.

孙晓辉, 张贵君. 2003. 纳米中药的研究前景. 中医药信息, 2(1): 25-27.

孙永达. 2006. 超临界流体结晶——制剂创新的高技术平台. 张永康, 欧阳辉. 第六届全国超临界流体技术学术及应用研讨会论文集. 湖南张家界: 390-395.

田明, 李彦冰, 刘占国, 等. 1998. 双波长薄层扫描法测定刺五加注射液中异嗪皮啶含量. 中国实用方剂学杂志, 1(2): 39-40.

佟丽. 1994. 刺五加多糖抗肿瘤作用与机理的实验研究. 中国药理学报, 10(2): 105-106.

佟丽, 黄添友, 吴波, 等. 1995. 植物多糖抗肿瘤作用与机理研究. 天然产物研究与开发, 7(1): 5-9.

佟丽, 李吉来. 1997. 刺五加多糖研究进展. 天然产物研究与开发, 11(1): 87-92

汪朝晖, 徐南平, 时钧. 1996. 超临界流体技术在医药工业中的应用. 化工进展, (4): 52-57.

王本祥, 刘耕陶, 雷海鹏. 1965. 甘草次酸的去氧皮质酮(DOC)样作用分析. 药学学报, 12(1): 50-54.

王长禹, 史惠玲, 何培笑. 2006. HPLC 法测定刺五加注射液中紫丁香苷的含量. 中医药学报, 34(3): 35-36.

王勤, 肖刚. 2007. 罗汉果甜苷对大鼠慢性肝损伤保护作用的实验研究. 广西中医药, 30(5): 54-56.

王宪明, 周珏, 曲凡. 2007. 反相高效液相色谱法测定刺五加药材中异嗪皮啶含量. 成都中医药大学学报, 30(3): 59-60.

王晓, 程传格, 马小来, 等. 2002. 南瓜籽油脂肪酸的 GC-MS 分析. 食品科学, 23(3): 115.

王永梅, 武振声, 樊海明, 等. 2003. 浅谈纳米技术在中药中的应用. 中草药, 34(3): 193-195.

王著宇. 2001-7-10. 纳米——21 世纪崭新的前沿科学. 中国医药报, 第 007 版.

翁开敏, 际元俊, 卢玉兰. 2002. 纳米技术在药学领域中的应用. 海峡药学, 14(5): 7-9.

吴秉纯, 刘瑞梅, 郭秀芳, 等. 1985. 刺五加药理作用的研究. 中医药学报, (2): 29-32.

肖春华. 2000-12-28. 奇妙的纳米中药. 健康时报, 第 007 版.

肖延龄, 李伯. 2002. 载药纳米微粒与中药现代化. 中草药, 3(5): 385-388.

谢蜀生, 许士凯, 张文仁, 等. 1989. 刺五加多糖免疫调节作用的实验研究. 中华肿瘤杂志, 11(5): 338-340.

杨锦南, 朱摇明, 张玉林, 等. 1999. 3-氧-乙酰-11-脱氧甘草次酸铝对大鼠胃溃疡的作用. 中国药理学与毒理学杂志, 13(2): 106.

杨水新, 赵国忠, 张圣民. 2001. 高效液相色谱法测定刺五加注射液中紫丁香苷的含量. 药物分析杂志, 21(1): 16-17.

杨雪娇. 2000. 传统中药丹皮活性成分的研究. 广州: 广东工业大学硕士学位论文.

易明, 陈汇, 曾繁典. 2001. 纳米技术在药学研究中的应用进展. 中国临床药理学杂志, 191(17): 15.

尹宗宁, 陆彬, 王炜, 等. 2000. 皮下注射胰岛素纳米囊对糖尿病大鼠的影响. 中国药学杂志, 35(1): 18.

于向东. 2000. 纳米技术可能成为 21 世纪的决定性技术. 电子外贸, 5: 11-12.

于占水, 桑玉香. 2001. 甘草酸单铵致钠水潴留 1 例报告. 药物流行病杂志, 10(1): 52.

袁翠英, 孔红. 2007. 甘草酸类制剂不良反应研究进展. 农垦医学, 29(5): 366-367.

张芳红. 1994. 齐墩果酸在甘肃产八种五加科植物中的分布规律. 中药材, 17(9): 29-30.

张汝冰, 刘宏英, 李凤生. 1999. 纳米技术在生物及医学领域中的应用. 现代化工, 19(7): 49-51.

张伟, 林巍. 1999. NP 型复合纳米滤膜在抗生素浓缩过程中的应用. 中国抗生素杂志, 24(2): 99.

张卫国, 张志善. 1994. 丹皮酚抗大鼠心肌缺血再灌注损伤与抗膜脂质过氧化作用. 药学学报, (29): 145-148.

张晓静. 2003. 中药纳米化的作用及存在的问题. 江苏中医药, 24(3): 40-44.

张志荣, 龚艳, 黄园, 等. 2001. 抗人乳腺癌单克隆抗体偶联米托蒽醌白蛋白纳米球的初步研究. 药学学报. 36(2): 151.

张志荣, 何勤. 1998. 肝靶向万乃洛韦毫微粒的研究. 药学学报, 33: 702-706.

赵贵红. 2006. 牡丹花粉保健面条的研制. 粮油加工与食品机械, 3: 66-68.

赵贵红. 2008. 牡丹花粉山药酸奶的研究. 食品科技, 2: 43-45.

赵野. 2011. 甘草酸超微粉体的反溶剂重结晶法制备、表征及中试放大工艺的研究. 哈尔滨: 东北林业大学硕士学位论文.

赵余庆, 杨松松, 孙延庆, 等. 1991. 刺五加中异嗪皮啶和一芪类化合物的分离鉴定. 中草药, 22(11): 516-518.

郑虎占, 董泽宏, 余靖. 1997. 中药现代研究与应用. 北京: 学苑出版社: 1256-1279.

郑建仙. 1995. 功能性食品. 北京: 中国轻工业出版社.

郑伟然. 2003. HPLC 法测定中药材刺五加中异嗪皮啶的含量. 现代中药研究与实践, 17(1): 29.

中国科学院中国植物志编著委员会. 1978. 中国植物志. 54 卷. 北京: 科学出版社: 99-100.

朱文学, 李欣, 刘少阳, 等. 2010. 牡丹籽油的毒理学研究. 食品科学, 31(11): 248-251.

祖元刚, 赵修华, 祖柏实, 等. 2010. 一种水溶性纳米化甘草酸粉体的超临界反溶剂制备方法: 中国, CN101756905A.

《化学药物急性毒性试验技术指导原则》课题研究组. 2005. 化学药物急性毒性试验技术指导原则. 国家食品药品监督管理局: 3.

Abbas P. 2007. *In vitro* study of polyoxyethylene alkyl ether niosomes for delivery of insulin. International Journal of Pharmaceutics, 328: 130-141.

Abe K, Ikeda T, Wake K, et al. 2008. Glycyrrhizin prevents of lipopolysaccharide/D-galactosamine-induced liver injury through down regulation of matrix metalloproteinase-9 in mice. J Pharm Pharmacol, 60(1): 91-97.

Aeschbanor R, Philiponssian G, Richli V, et al. 1986. Flavoniod glycosides from rosemary separation, isolation and identification. BullLiaison-Group Polyphenols, (13): 56-58.

Alonso M. 1990. The effect of random position on the packing of particles adhering to the surface of a central particle. Powder Technology, 62: 35-40.

Al-Qarawi A A, Abdel-Rahman H A, Ali BH, et al. 2002. Liquorice(*Glycyrrhiza glabra*)and the adrenal-kidney-pituitary axis in rats. Food and Chemical Toxicology, (40): 1525-1527.

Ambrosio G, Tritto I. 1999. Reperfusion injury: experimental evidence and clinical implications. Am Heart

J, 138: 69-75.

Andrian T, Fariba D, Neil R, et al. 2006. Micronization of cyclosporine using dense gas techniques. The Journal of Supercritical Fluids, 37(3): 272-278.

Ankola D D, Viswanad B, Bhardwaj V, et al. 2007. Development of potent oral nanoparticulate formulation of coenzyme Q_{10} for treatment of hypertension: can the simple nutritional supplements be used as first line therapeutic agents for prophylaxis/therapy? Eur J Pharm Biopharm, 67: 361-369.

Armanini D, Mattarello M J, Fiore C, et al. 2004. Licorice reduces serum testosterone in healthy women. Steroids, 69(11/12): 763-766.

Bawarski W E, Chidlowsky E, Bharali D J, et al. 2008. Emerging nanopharmaceuticals. Nanomedicine, 4(4): 273.

Bender A R, Brisen H, Kreuter J, et al. 1996. Efficiency of nanoparticles as a carrier system for antiviral agents in human immunodeficiency virus-infected human monocytes/macrophages *in vitro*. Antimicrob Agents Chemother, 40: 1467-1471.

Brieskorn C H, Doemling H J. 1969. Carnosic acid as antioxidant in rosemary and sage leaves. Zeitschrift fuer Lebensmittelutersuchung und-Forschung, 141(1): 10-16.

Brieskorn R, Minorel H. 1968. Flavone aus dem blattvon *Romarznus offzcznus* L. Tetrahedron Letters, 30: 3447-3448.

British Toxicology Society Working Party on Toxicity. 1984. Special report: a new approach to the classification of substances and preparations on the basis of their acute toxicology. Human Toxicol, (3): 85-92.

Byrappa K, Ohara S, Adschiri T. 2008. Nanoparticles synthesis using supercritical fluid technology towards biomedical applications. Advanced Drug Delivery Reviews, 60(3): 299-327.

Cardoso M A, Antunes S, van Keulen F, et al. 2009. Supercritical antisolvent micronisation of synthetic all-trans-β-carotene with tetrahydrofuran as solvent and carbon dioxide as antisolvent J Chem Technol Biotechnol, 84(2): 215-222.

Ceriello A, Motz E. 2004. Is oxidative stress the pathogenic mechanism underlying insulin resistance, diabetes, and cardiovascular disease? The common soil hypothesis revisited. Arteriosclerosis Thrombosis and Vascular Biology, 24: 816-823.

Chen M, Christensen S B, Theander T G. 1994. Antileishmanial activity of licochalcone a in mice infected with leishmania major and in hamsters infected with leishmania donovani. Antimicrobial Agents and Chemotherap, 38: 1339-1344.

Chen Q, Nilsson A. 1994. Interconversion of alpha-linolenic acid in rat intestinal mucosa. J Lipid Res, 35(4): 601.

Chung J G, Chang H L, Lin W C, et al. 2000. Inhibition of N-Acetyltransferase activity and DNA-2-Aminofluorene adducts by glycyrrhizic acid in human colon tumor cells. Food and Chemical Toxicology, 38(2-3): 163.

Clarke D C, Brown M L, Erickson R A, et al. 2009. Transforming growth factor beta depletion is the primary determinant of smad signaling kinetics. Molecular and Cellular Biology, 29: 2443-55.

Cocero M J, Conzález S, Pérez S, et al. 2000. Supercritical extraction of unsaturated products. Degradation of β-carotene in supercritical extraction processes. Journal of Supercritical Fluids, 19(1): 39-44.

Cocero M J, Ferrero S, Miguel F. 2002. Crystallization of b-carotene by continuous GAS process effect of mixer on crystal formation. Proceedings of the Fourth International Symposium on High Pressure Technology and Chemical Engineering. Venice, Italy.

Couvreur P, Pussienx F. 1993. Nano and micro particles for the delivery of polypeptides and proteins. Adv Drug Del Rev, (10): 141.

Crestanello J A, Kamelgard J. 1996. Elucidation of a tripartite mechanism underlying the improvement in cardiac tolerance to ischemia by coenzyme Q_{10} pretreatment. The Journal of Thoracic and Cardiovascular Surgery, 111: 443-450.

Damge C, Michael C, Aprahanian M. 1988. New approach for oral administration of insulin with polyalkycyanoacrylaic nanoparticles as drug carrier. Diabetes, (37): 246-251.

Daniel F, Li F S. 1994a. Oxidation of galens surfaces(I), X-ray photoelectron spectrcscopic and dissolution kinetics studies. Journal of Colloid and Interface Science, 164: 333-344.

Daniel F, Li F S. 1994b. Oxidation of galens surfaces(II), electro-kinetic study. Journal of Colloid and Interface Science, 164: 345-354.

Desai M P, Labhasetwar V, Amidon GL, et al. 1996. Gastrointestinal uptake of biodegradable microparticles: effect of particle size. Pharm Res, 13: 1838-1845.

Duan W J, Yang J Y, Chen L X, et al. 2009. Monoterpenes from *Paeonia albiflora* and their inhibitory activity on nitric oxide production by lipopolysaccharide-activated microglia. Journal of Natural Products, 72: 1579-1584.

Eefting F, Rensing B, Wigman J. 2004. Role of apoptosis in reperfusion injury. Cardiovascular Research, 61(3): 414-426.

Endo Y. 1993. The immunotherapy for AIDS with glycyrrhizin and/or neurotropin. PO-B28-2143. IX International Conference on AIDS, Akita University, Japan.

Ernst E. 2002. Toxic heavy metals and undeclared drugs in asian herbal medicines. Trends in Pharmacological Science, 23(3): 136-139.

Ferreres F, Amparo B M, Isabel G M, et al. 1994. Separation honey flavonoinds by micellar electrokinetic capillary chromatography. J Chromatograph, 669: 268-274.

Feynman R P. 1959. There's plenty of room at the bottom an invitation to enter a new field of physics. Talk at the Annual Meeting of American Physical Society. California Institute of Technology: 12.

Fiore C, Eisenhut M, Krausse R, et al. 2008. Antiviral effects of gly-cyrrhiza species. Phytotherapy Research, 22(2): 141.

Franceschi E, de Cesaro A M, Feiten M, et al. 2008. Precipitation of β-carotene and PHBV and co-precipitation from SEDS technique using supercritical CO_2. Journal of Supercritical Fluids, 47(2): 259-269.

Franceschi E, Kunita M H, Tres M V, et al. 2008. Phase behavior and process parameters effects on the characteristics of precipitated theophylline using carbon dioxide as antisolvent. Supercritical Fluids, 44: 8-20.

Gallagher P M, Coffey M P, Krukonis V J, et al. 1989. Gas antisolvent recrystallization: new process to recrystallize compounds insoluble in supercritical fluids. ACS Symposium Series: Supercritical Fluid Science and Technology, American Chemical Society, Washington, DC: 334-354.

Gang J N. 1985. Immuno logically active polysaccharides of *Acanthopanax senticosus*. Phytochemistry, 24(11): 2691-2622.

Gao X Y, Nishimura K, Hirayama F, et al. 2006. Enhanced dissolution and oral bioavailability of coenzyme Q_{10} in dogs by inclusion complexation with γ-cyclodextrin. Asian J Pharm, 1: 95-102.

Garay A L, Pichon A, James S L. 2007. Solvent-free synthesis of metal complexes. Chem Soc Rev, 36: 864.

Gombotz W R, Healy M S, Brown L R, et al. Very low temperature casting of controlled release microspheres: USP, 5, 019, 400, 1990.

Gottlieb R A, Engler R L. 1999. Apoptosis in myocardial ischemia-reperfusion. Ann N Y Acad Sci, 874: 412-426.

Gref R, Minamitake Y, Peracchia M T, et al. 1994. Biodegradable long-circulating polymeric nanospheres by biodegradable. Science, 263: 1600-1603.

Guo J S, Wang J Y, Koo W L. 2006. Anti-oxidative effect of glycyrrhizin on acute and chronic-CCl_4 induced liver injuries. Journal of Gastroenterology and Hepatology, 21(Suppl. 2): 154.

Guzman M, Aberturas M R. 2000. *In vitro* and *in vivo* evaluation of oral heparin-loaded polymeric nanoparticles activity in rat glomerular mesangial cell cultures. Drug Delivery, 7(4): 215-222.

Hamm C W, Katus H A. 1995. New biochemical markers for myocardial cell injury. Current Opinion in Cardiology, 10(4): 355-360.

Han L, Xu C, Jiang C, et al. 2007. Effects of polyamines on apoptosis induced by simulated ischemia/reperfusion injury in cultured neonatal rat cardiomyocytes. Cell Biol Int, 31: 1345-1352.

Harary L, Farley B. 1960. *In vitro* studies of isolated beating heart cells. Science, 131: 1674-1675.

Hattori T. 1989. Preliminary evidence for inhibitory effects of glycyrrhizin on HIV replication in patients with AIDS. Antiviral Research, (11): 255-262.

Hausenloy D J, Yellon D M. 2004. New directions for protecting the heart against ischaemia reperfusion injury: targeting the Reperfusion Injury Salvage Kinase(RISK)-pathway. Cardiovascular Research, 61(3): 448-460.

He C N, Peng Y, Zhang Y C, et al. 2010. Phytochemical and biological studies of paeoniaceae. Chemistry and Biodiversity, 7: 805-838.

He J R, Zhang Y, Cbeng J F, et al. 2001. Study of the astragalus polyasccharide, general flavone, ferulic acid, glycyrrhetinic acid clean out oxy free radical. Chin J Aesthetic Med, 10(3): 191, 193.

He W Z, Suo Q L, Hong H L, et al. 2006. Supercritical antisolvent micronization of natural carotene by the SEDS process through prefilming atomization. Ind Eng Chem Res, 45(6): 2108-2115.

Helfgen B, Türk M, Schaber K. 2003. Hydrodynamic and aerosol modelling of the rapid expansion of supercritical solutions(RESS-process). The Journal of Supercritical Fluids, 26: 225-242.

Hibasami H, Iwase H, Yoshioka K, et al. 2005. Glycyrrhizin induces apoptosis in human stomach cancer KATO III and human promyelotic leukemia HL-60 cells. Int J Mol Med, 16(2): 233-236.

Hirabayashi K. 1991. Antiviral activities of glycyrrhizin and its modified compounds against human immunodeficiency virus type I (HIV-1)and herpes simplex virus type I (HSV-1)*in vitro*. Chemical and Pharmaceutical Bulletin, 39(1): 112-115.

Hou Y Y, Yang Y, Yao Y, et al. 2010. Neuroprotection of glycyrrhizin against ischemic vascular dementia *in vivo* and glutamate-induced damage *in vitro*. Chin Herb Med, 2(2): 125-131.

Hwang C K, Lim Y S, Kwon M H, et al. 2004. Phospholipase C-delta1 rescues intracellular Ca^{2+} overload in ischemic heart and hypoxic neonatal cardiomyocytes. J Steroid Biochem Mol Biol, 91: 131-138.

Hybertson B M, Repine JE, Beehler C J, et al. 1993. Pulmonary drug delivery of fine aerosol particles from supercritical fluids. Journal of Aerosol Medicine, 8(4): 275-286.

Ikegami N. 1989. Clinical evaluation of glycyrrhizin on HIV-infected asymptomatic hemophiliac patients in Japan. Abstract Submitted: V International Conference on AIDS, Montreal.

Ikegami N. 1993. Prophylactic effect of long-term oral administration of glycyrrhizin on AIDS development of asymptomatic patients. PO-825-0596 IX International Conference on AIDS, Berlin. Clinical Research Institute, Osaka, Japan.

Jacobs C, Kayser O, Muller R H. 2001. Production and characterisation of mucoadhesive nanosuspensions for the formulation of bupravaquone. Int J Pharm, 214(1-2): 3-7.

Jenning V, Gohla S H. 2001. Encapsulation of retinoids in solid lipid nanoparticles(SLN). J Microencapsulation, 18: 149-158.

Ji ES, Yue H, Wu Y M. 2004. Effects of phytoestrogen genistein on myocardial ischemia / reperfusion injury and apoptosis in rabbits. Acta Pharmacol Sin, 25(3): 306-312.

Jiang S Y, Chen M, Zhao Y P. 2003. A study on micronization of phytosterol by the RESS technique with supercritical CO_2. Proceedings of the Sixth International Symposium on Supercritical Fluid. Zhejiang, China: 653-658.

Jung T, Kamm W, Breitenbach A, et al. 2000. Biodegradable nanoparticles for oral delivery of peptides: is there a role for polymers to affect mucosal uptake? Eur J Pharm Biopharm, 50(1): 147-160.

Kagayama Y. 1992. Glycyrrhizin induces mineral corticoid activity through alterations in cortisol metabolism in the human kidney. J of Endocrinology, 135: 147-152.

Kang B K, Lee S J, Chon S K, et al. 2004. Development of self-microemulsifying drug delivery systems(SMEDDS)for oral bioavailability enhancement of simvastatin in beagle dogs. Int J Pharm, 274: 65-73.

Kang J S, Linh P T, Cai X F, et al. 2001. Quantitative determination of eleutheroside B and E from *Acanthopanax* species by high performance liquid chromatography. Arch Pharm Res, 24(5): 407-411.

Kao T C, Shyu M H, Yen G C. 2009. Neuroprotective effects of glycyrrhizic acid and 18β-glycyrrhetinic acid in PC12 cells via modulation of the PI3K/Akt pathway. J Agric Food Chem, 57(2): 754-761.

Kazuya I. 2000. Coating of particles with finer particles using a draft-tube spout-ed-bed. Journal of Chemical Engineering of Japan, 33(3): 526-528.

Keahler T. 1994. Nanotechnology: basic concepts and definitions. Clin Cherm, 40(9): 1797-1799.

Kim H J H, Sang C, Choi S W. 2002. Inhibition of tyrosinase and lipoxygenase activities by resveratrol and its derivatives from seeds of *Paeonia lactiflora*. Nutraceuticals Food, 7(4): 447.

Kim Y I, Fluckinger L, Hoffman M, et al. 1997. The antihypertensive effect of orally administered nifedipine-loaded nanoparticles in spontaneously hypertensive rats. Br J Pharmacol, 120(3): 399-404.

Kimura M, Moro T, Motegi H, et al. 2008. *In vivo* glycyrrhizin accelerates liver regeneration and rapidly lowers serum transaminase activities in 70% partially hepatectomized rats. European Journal of Pharmacology, (579): 357-364.

Kobashi K, Nanba T, Hattori Y, et al. 1984. Preparation of 3-epi-glycyrrhetinic acid: JP, 5914799, 01.

Kommuru T R, Gurley B, Khan M A, et al. 2001. Self-emulsifying drug delivery systems (SEDDS) of coenzyme Q_{10}: formulation development and bioavailability assessment. Int J Pharm, 212: 233-246.

Kossovsky N, Gelman A, Hnatyszyn H J, et al. 1995. Surface-modified diamond nanoparticles as antigen delivery vehicles. Bioconjug Chem, 6: 507-511.

Krausse R, Bielenberg J, Blaschek W, et al. 2004. *In vitro* anti—helicobactqpylori activity of extractum liquiritiae, glycyrrhizin and its metabolites. J Antimicrob Chemother, 54(1): 243-246.

Kreuter J. 2015. Influence of chronobiology on the nanoparticle-mediated drug uptake into the brain. Pharmaceutics, 7(1): 3-9.

Kwon S S, Nam Y S, Lee J S, et al. 2002. Preparation and characterization of coenzyme Q_{10}-loaded PMMA nanoparticles by a new emulsification process based on microfluidization. J Colloids Surf A, 210: 95-104.

Lass A, Sohal R S. 2000. Effect of coenzyme Q_{10} and alpha-tocopherol content of mitochondria on the production of superoxide anion radicals. FASEBJ, 14: 87-94.

Lee W C, Tsai T H. 2010. Preparation and characterization of liposomal coenzyme Q_{10} for *in vivo* topical application. Int J Pharm, 395: 78-83.

Lerou J C, Cozens R, Roesel J L, et al. 1995. Pharmacokinetics of a novel HIV-1 protease inhibitor incorporated into biodegradable or enteric nanoparticles following intravenous and oral administration to mice. J Pharm Sci, 84(12): 1387-1391.

Levitsky S. 2006. Protecting the myocardial cell during coronary revascularization. Circulation, 114(S): 1339-1343.

Li F S. 1991. Surface modification of ultra-fine ammonium perchlorate and its influence or propellant properties. *In*: Williams RA. Advance in Measurement and Control of Colloidal Processes. UK: Butter worth Heinemann(Oxford): 211-223.

Li F S, Chen S L, Song H C. 1991. Dispersity and stability of ultra-fine ammonium perchlorate particles in liquid media. *In*: Williams RA. Advance in Measurement and Control of Colloidal Processes. UK: Butter worth Heinemann(Oxford): 77-85.

Li W, Asada Y, Yoshikawa T. 2000. Flavonoid constituents from *Glycyrrhiza glabra* hairy root cultures. Phytochemistry, 55(5): 447-456.

Losa C, Alonso M J, Vila J L, et al. 1992. Reduction of cardiovascular side effects associated with ocular administration of metipranolol by inclusion in polymeric nanocapsules. J Ocul Pharmacol, 8(3): 191-198.

Loubani M, Hassouna A, Galinanes M. 2004. Delayed preconditioning of the human myocardium: signal transduction and clinical implications. Cardiovascular Research, 61(3): 600-609.

Lu J L, Wang J C, Zhao S X, et al. 2008. Self-micromulsifying drug delivery system(SMEDDS)improves anticancer effect of oral 9-nitrocamptothecin on human cancer xenografts in nude mice. Eur J Pharm Biopharm, 69(3): 899.

Maxwell S R. 1997. Reperfusion injury: a review of pathophysiology. International Journal of Cardiology, 58: 95-117.

Miguel F, Martin A, Gamse T, et al. 2006. Supercritical anti solvent precipitation of lycopene: effect of the operating parameters. Journal of Supercritical Fluids, 36(3): 225-235.

Miguel F, Martin A, Mattea F, et al. 2008. Precipitation of lutein and co-precipitation of lutein and poly-lactic acid with the supercritical anti-solvent process. Chem Eng Process Intensification, 47(9-10): 1594-1602.

Miyaji C. 2002. Mechanisms underlying the activation of cytotoxic function mediated by hepatic lymphocytes following the administration of glycyrrhizin. International Immunopharmacology, (2): 1079-1086.

Moens A L. 2005. Myocardial ischemia/reperfusion-injury, a clinical view on a complex pathophysiological process. International Journal of Cardiology, 100: 179-190.

Mori K. 1994. Two cases of AIDS-associated with hemophilia A, treated effectively by the concomitant use of SNMC and ddI. X Int Conf AIDS, PB0251. Yokohama, Japan.

Nehilla B J, Bergkvist M, Popat KC, et al. 2008. Purified and surfactant-free coenzyme Q10-loaded biodegradable nanoparticles. Int J Pharm, 348: 107-114.

Nepal P R, Han H K, Choi H K. 2010. Enhancement of solubility and dissolution of coenzyme Q10 using solid dispersion formulation. Int J Pharm, 383: 147-153.

Nishioka Y, Yoshino H. 2001. Lymphatic targeting with nanoparticulate system. Advanced Drug Delivery Reviews, 47: 55-64.

Ohtsuki K, Abe Y, ShimoyamaY, et al. 1998. Separation of phospholipase in Habu snake venom by glycyrrhizin (GL) affinity column chromatography and identification of a GL sensitive enzyme. Biol Pharm Bull, 21(6): 574-578.

Okada K, Tamura Y, Yamamoto M, et al. 1987. Identification of antimicrobial and antioxidant constituents from licorice of Russian and Xinjiang origin. Chem Pharm Bull, 37(9): 25-28.

Ota S, Nishikawa H, Takeuchi M. 2006. Impact of nicorandil to prevent reperfusion injury in patients with acute myocardial infarction. Circ J, 70(9): 1099-1104.

Palamakula A, Khan M A. 2004. Evaluation of cytotoxicity of oils used in coenzyme Q10 Self-Emulsifying Drug Delivery Systems(SEDDS). Int J Pharm, 273: 63-73.

Pardeike J, Schwabe K, Müller R H. 2010. Influence of nanostructured lipid carriers(NLC)on the physical properties of the Cutanova Nanorepair Q10 cream and the *in vivo* skin hydration effect. Int J Pharm, 396: 166-173.

Pepe S, Marasco S F, Haas S J, et al. 2007. Coenzyme Q_{10} in cardiovascular disease. Mitochondrion, 7S: 154-167.

Picerno P, Mencherini T, Sansone F, et al. 2011. Screening of a polar extract of paeonia rockii: composition and antioxidant and antifungal activities. Journal of Ethnopharmacology, 138 : 705-712.

Rackova L. 2007. Mechanism of antiinflammatory action of liquorice extract and glycyrrhizin. Nat Prod Res, 21(14): 1234.

Rahman S, Sultana S. 2006. Chemopreventive activity of glycyrrhizin on lead acetate mediated hepatic oxidative stress and its hyperproliferative activity in Wistar rats. Chem Biol Interact, 160(1): 61-69.

Rahman S, Sultana S. 2007. Glycyrrhizin exhibits potential chemopreventive activity on 12-*O*-tetradecanoyl phorbol-13-acetate-induced cutaneous oxidative stress and tumor promotion in Swiss in albino mice. J Enzym Inhib Med Chem, 22(3): 363-369.

Reverchon E, Porta G, Trolio A, et al. 1998. Supercritical antisolvent precipitation of nanoparticles of superconductor precursors. Ind Eng Chem Res, 37: 952-958.

Robert F. 1998. Service DNA analysis: microchip arrays put DNA on the spot. Science, 282: 396-399.

Rodrguez B, Bruckmann A, Rantanenetal T. 2007. Mechanochemical aminochlorination of electrondeficient olefins with chloramine-T promoted by (diacetoxyiodo) benzene Advanced Synthesis & Catalysis, 349: 1977-1982.

Rodrigues M A, Li J, Padrela L, et al. 2009. Anti-solvent effect in the production of lysozyme nanoparticles by supercritical fluid-assisted atomization processes. Supercritical Fluids, 48: 253-260.

Ruan L P, Yu Y, Fu G M, et al. 2005. Improving the solubility of ampelopsin by solid dispersions and inclusion complexes. J Pharm Biomed Anal, 38(3): 457.

Sarker S D, Pensri W, Dinan L. 1999. Identification and ecdysteroid antagonist activity of three resveratrol trimers(suffruticosols A, B and C)from paeonia suffruticosa. Tetrahedron, 55(2): 513.

Scarabelli T M, Knight R, Stephanou A, et al. 2006. Clinical implications of apoptosis in ischemic myocardium. Curr Probl Cardiol, 31(3): 181-264.

Schofield J P, Caskey C T. 1995. Non-viral approaches to gene therapy. Br Med Bul, 51(1): 56-71.

Sendra J, Seidl O, Miedzobrodzlea J Z J. 1969. Cheomatographic analysis of flavoniods and triterpenes in folium rosemarini. Diss Phaem Phannacol, 21(2): 185-191.

Sharma D, Chelvi T P, Kaur J, et al. 1996. Novel taxol formulation: polyvinylpyrrolidone nanoparticle encapsulated Taxol for drug delivery in cancer therapy. Oncol Res, 8: 281-286.

Sreelatha S, Padma P R, Umadevi M. 2009. Protective effects of *Coriandrum sativum* extracts on carbon tetrachloride-induced hepatotoxicity in rats. Food and Chemical Toxicology, 47: 702-708.

Stieneker F, Kreuter J, Lower J. 1991. High antibody titres in mice with polymethylmethacrylate nanoparticles as adjuvant for HIV vaccines. AIDS, 5: 431-435.

Stolnik S, Dunn S E, Garnett M G, et al. 1994. Surface modification of poly(lactide-co-glycolide)nanospheres by biodegradable poly(lactide)-poly(ethylene glycol)copolymers. Pharm Res, 11: 1800-1808.

Tang B, Qiao H, Meng F, et al. 2007. Glycyrrhizin attenuates endotoxin induced acute liver injury after partial hepatectomy in rats. Braz J Med Biol Res, 40(12): 1637-1646.

Tashimo T. 2000. Physical properties of lime power produced by powder-particle fluidized bed. Journal of Chemical Engineering of Japan, 33(3): 365-371.

Teeranachaideekula V, Soutob E B, Junyapraserta V B, et al. 2007. Cetyl palmitate-based NLC for topical delivery of Coenzyme Q10-Development, physicochemical characterization and *in vitro* release studies. Eur J Pharm Biopharm, 67: 141-148.

Thakur R, Gupta R B. 2006. Rapid expansion of supercritical solution with solid cosolvent(RESS-SC)process: formation of 2-aminobenzoic acid nanoparticle. The Journal of Supercritical Fluids, 37(3): 307-315.

Thanatuksorn P, Kawai K, Hayakawa M, et al. 2009. Improvement of the oral bioavailability of coenzyme Q_{10} by emulsification with fats and emulsifiers used in the food industry. Food Sci Tech, 42: 385-390.

Tian F, Sandler N, Aaltonen J, et al. 2007. Influence of polymorphic form, morphology, and excipient interactions on the dissolution of carbamazepine compacts. J Pharm Sci, 96(3): 584-594.

Türk M, Hils P, Helfgen B, et al. 2002. Micronization of pharmaceutical substances by the rapid expansion of supercritical solutions(RESS): a promising method to improve bioavailability of poorly soluble pharmaceutical agents. Journal of Supercritical Fluids, 22: 75-84.

Wang G W, Wu X L. 2007. Solvent-free carbon-carbon bond formations in ball mills. Adv Advanced Synthesis & Catalysis, 349: 2213-2233.

Wang L S, Hashimoto F, Shiraishi A, et al. 2004. Chemical taxonomy of the Xibei tree peony from China by floral pigmentation. J Plant Res, 17(1): 47-55.

Wang L S, Shiraishi A, Hashimoto F, et al. 2001. Analysis of petal anthocyanins to investigate flower coloration of zhongyuan(Chinese)and daikon island(Japanese)tree peony cultivars. J Plant RES, 114(1): 33-43.

Wolff A A, Rotmensch H H, Stanley W C. 2002. Metabolic approaches to treatment of is chemic heart disease: the clinicians' perspective. Heart Fail Rev, 7(2): 187-203.

Wong J, Brugger A. 2008. Suspensions for intravenous(IV)injection: a review of development, preclinical and clinical aspects. Advanced Drug Delivery Reviews, 60(8): 939-954.

Wu S H, Wu D G, Che Y W. 2010. Chemical constituents and bioactivities of plant from the genus paeonia. Chemistry and Biodiversity, 7: 90-104.

Yang Y, Shi Q, Liu Z, et al. 2010. The synergistic anti-asthmatic effects of glycyrrhizin and salbutamol. Acta Pharmacol Sin, 31(4): 443-449.

Yildiz N, Tuna Ş, Döker O, et al. 2007. Micronization of salicylic acid and taxol(paclitaxel)by rapid expansion of supercritical fluids(RESS). Supercritical Fluids, 41: 440-451.

Yoshikawa M, Matsui Y, Kawamoto H, et al. 1997. Effects of glycyrrhizin on immune-mediated cytotoxicity. Joumal of Gastroenterology and Hepatology, 12(3): 243-248.

Young T J, Mawson S, Johnston K P, et al. 2000. Rapid expansion from supercritical to aqueous solution to produce submicron suspensions of water-insoluble drugs. Biotechnol Prog, 16(3): 402-407.

Zenebe W J, Nazarewicz R R, Parihar M S. 2007. Phypoxia/reoxygenation of isolated rat heart mitochondria causes cytochrome c release and oxidative stress; evidence for involvement of mitochondrial nitric oxide synthase, J Mol Cell Card, 43: 411-419.

Zhai D, Zhao Y, Chen X, et al. 2007. Protective effect of glycyrrhizin, glycyrrhetic acid and matrine on acute cholestasis induced by alpha-naphthyl isothiocyanate in rats. Planta Med, 73(2): 128-133.

Zhang J, Wang S. 2009. Topical use of Coenzyme Q_{10}-loaded liposomes coated with trimethyl chitosan: tolerance, precorneal retention and anti-cataract effect. Int J Pharm, 372: 66-75.

Zhang Y, Aberg F, Appelkvist EL, et al. 1995. Uptake of dietary coenzyme Q supplement is limited in rats. J Nutrition, 125: 446-453.

Zhang Z, Gao J, Xia J J, et al. 2005. Solvent-free mechanochemical and one-pot reductive benzylizations of malononitrile and 4-methylaniline using Hantzsch 1, 4-dihydropyridine as the reductant. Org Biomol Chem, 3(9): 1617-1619.

Zhang Z, Wang G W, Miao C B, et al. Solid-state radical reactions of 1, 3-cyclohexanediones with *in situ* generated imines mediated by manganese (III) acetate under mechanical milling conditions. 2004. Chem Commun, 1832-1833.

Zhao Z Q, Morris C D, Budde J M. 2003. Inhibition of myocardial apoptosis reduces infarct size and improves regional contractile dysfunction during reperfusion. Cardiovascular Research, 59(1): 132-142.

Zijistra F, Hoorntje J, Boer M D, et al. 1999. Long-term benefit of primary angioplasty as compared with thrombolytic therapy for acute myocardial infarction. N Engl J Med, 341: 1413-1419.

附　　录

表 1　不同种类实验动物一次给药能耐受的最大剂量(单位：ml)

动物名称	灌胃	皮下注射	肌肉注射	腹腔注射	静脉注射
小鼠	0.9	1.5	0.2	1	0.8
大鼠	5.0	5.0	0.5	2	4.0
兔	200	10	2.0	5	10
猫	150	10	2.0	5	10
猴	300	50	3.0	10	20
犬	500	100	4.0	—	100